芒果智能水肥一体化技术实践

MANGGUO ZHINENG SHUIFEI
YITIHUA JISHU SHIJIAN

李汉棠　谢铮辉　方纪华　主编

中国农业出版社
北　京

主　编　李汉棠　谢铮辉　方纪华

副主编　李　媛　赵林林　时艳茹　姚　伟
王位哲

编　者　（按姓氏笔画排序）
王位哲　方纪华　李　媛　李汉棠
时艳茹　赵林林　姚　伟　谢铮辉

目　　录

第一章　水肥一体化技术简介

水是生命之源，是人类赖以生存的基础自然资源，也是生态环境的控制性因素之一，同时，又是战略性经济资源，是一个国家综合国力的重要组成部分。中国是一个严重缺水的国家，水资源总量为 2.83 万亿 m^3，居世界第六位，但人均占有水量仅 2 300m^3，只相当于世界人均水平的 1/4，居世界第 109 位，是世界 13 个“贫水国”之一。我国总用水量中农业占很大比重，是我国的用水大户。截至 2019 年年底，我国农业用水占全国总用水量的 61%，其中农业灌溉用水占农业用水的 90%左右。据统计，我国每年农业用水缺口在 300 亿 m^3 以上，灌溉用水的利用率不到 60%，而有些国家已经达到了 70%～80%，我国节水潜力巨大，水资源短缺和肥料利用率不高是限制我国农业发展的主要因素之一。

肥料是农业可持续发展的物质保证，是粮食增产的物质基础。我国是生物密集型农业，农业增产对化肥的依赖程度很高。20 世纪 80 年代，化肥的施用对我国粮食的增产贡献率约为 46.3%。目前我国每年化肥施用量折纯量达 4 300 万 t，占全球化肥施用量的 1/3，居世界第一。在我国，化肥占农业成本的 20%以上，致使我国成为世界上最大的化肥生产国和消费国。但是不断增加化肥的投入并没有持续增加作物产量，出现这一现象的重要原因之一是肥料利用率低。

如何在资源有限的条件下充分利用水肥增产效应对我国农业的发展具有重要意义。

第一节　水肥一体化技术原理及概念

作物生产的目标是用较低的生产成本去获得更高的产量、更好的品质和更高的经济效益。从作物的生长要素来看，其基本生长要素包括光照、温度、空气、水分和养分。在自然生长条件下，前三个因素是难以人为调控的，而水分和养分因素则人为可控。因此，要发挥作物的最大生产潜力，合理调节水肥的平衡供应非常重要。在水肥的供给过程中，最有效的供应方式就是实现水肥的同步供给，充分发挥两者的相互作用，在给作物提供水分的同时最大限度地发挥肥料的作用，实现水肥的同步供应，即水肥一体化技术。

水分和养分（肥料）是作物生长最基础的条件，是人为调控频繁、影响最大的生长环境因子，也是制约我国农业可持续发展的主要因素。我国水资源短缺，且时空分布不均，污染及浪费严重，水资源供需矛盾日益加剧。我国又是农业大国，农业用水比例高达62.4%，且农业灌溉水的利用系数仅为0.54，远低于发达国家的0.70～0.80，因此，实施高效节水农业对缓解我国水资源紧张具有重大意义。肥料在我国农业生产上对于维持地力、提高土壤肥力作用重大，但目前国内不合理施肥问题严重破坏了土壤肥力结构，造成土壤酸化板结，污染环境，而且肥料利用率极低。研究发现，我国氮、磷、钾的当季利用率分别为30%～35%、10%～20%、35%～50%，低于发达国家，且谷类当季平均肥料利用效率比欧美国家低15%～30%。因此，研究作物需水需肥规律，实施高效合理灌溉施肥技术，对于实现我国农业可持续发展意义重大。

水肥一体化技术是将灌溉与农业融为一体的现代农业新技术，对于实现农业部2016年提出的到2020年“一控、两减、三基本”的奋斗目标，水肥一体化技术是一种至关重要的技术手段。世界上缺水最严重的国家是以色列，全以色列95%的农作物实现了节水灌溉，且实施水肥一体化技术。从概念上来讲，水肥一体化是借助压力系统（或地形自然落差），将可溶性固体或液体肥料根据土壤养分含量和作物种类的需肥规律和特点配对成的肥液与灌溉水混合在一起，通过可控管道系统进行灌溉、施肥。全水溶性肥料完全溶解于水后，通过滴头、微灌、喷灌等形式对作物进行灌溉施肥，把营养成分均匀、定时、定量、精准地输送到作物根系发育生长区域的土壤或种植基质，使主要根系周围始终保持适宜的含水量。让作物根系尽可能地处在一个“水、肥、气”三者有机结合的生长环境中，该项技术具有高产、优质、节水、节肥、省工、省电等诸多优点，非常适合山区丘陵等水资源缺乏地区，在设施农业的作物种植系统中更具有不可替代的作用。广义来讲，就是水肥同时供应以满足作物生长发育的需要，根系在吸收水分的同时吸收养分。除通过灌溉管道施肥外，淋水肥、冲施肥等都属于水肥一体化的简单形式。

一、水肥一体化技术简介

水和肥作为参与农业生产的两项重要因素，直接影响土壤物理化学活动，微生物活动、作物体内生化活动。水是肥料在土壤中扩散的媒介，是植物体内传输的载体，因此，水分是肥料肥力发挥的重要媒介。水肥一体化技术是将灌溉和施肥两个过程融为一体的一项农业新技术。水肥一体化技术是现代种植业生产的一项综合水肥管理措施，具有显著的节水、节肥、省工、优质、高效、环保等优点。该词来源于英文合成词“Fertigation”，即将“Fertilization（施肥）”和“Irrigation（灌溉）”融为一体，意为灌溉和施肥相结合，是目前世界公认的一项高效控水节肥的农业新技术。

水肥一体化技术将肥水以小流量均匀准确地补充给作物根系的土壤，使其附近的土壤经常保持适宜的水分和养分，从而使作物营养得到最大化的吸收。其主要作用机理是以水为载体使有效养分通过扩散和质流两个过程迁移到作物根系，增强可溶性营养物质的运输，并在适宜灌水量的条件下促进根系生长，增强根系吸收能力，加快根系对土壤中有效养分的吸收。水肥一体化技术能够减少扩散和质流的阻力，给作物创造稳定的根层环境，实现水肥互作效应，同时还可以有效地控制灌溉水的数量和频率，并根据土壤养分含量、作物的营养特性和需肥规律调控施肥模式，使其根系周边土壤始终保持最佳供需状态，提高水肥利用效率。这种定时定量供给作物水分和养分且维持土壤环境的有效技术具有节水节肥、增产增收、省工省时、提高水肥利用率、便于自动化管理、保护环境等优点，目前已被广泛应用在蔬菜、花卉、果树、设施栽培及经济价值高的作物上。

二、水肥一体化技术原理

水肥一体化技术从狭义上讲，就是把肥料溶解在灌溉用水中，由灌溉管道运送到田间每一株作物，以满足作物生长发育的需要，如通过喷灌和滴灌管道的施肥方式；从广义上讲，就是水肥同步供应以满足作物生长发育需要，使其根系能够同时吸收水分和养分。除通过灌溉管道施肥外，淋水肥、冲施肥等都属于水肥一体化的简单形式。

水肥一体化的原理与作物吸收养分的方式密切相关，作物通过根系和叶片吸收养分，且大量的营养元素是通过根系吸收的，因此，叶面喷肥只能起补充作用。施到土壤的肥料要达到作物根系表面被根系吸收通常要经过 3 个过程，通常由 3 种方式被吸收（图 1－1）：第一种是养分截获，即养分正好就在根系表面而被吸收；第二种是养分质流，植物在有阳光的情况下叶片气孔张开，进行蒸腾作用，导致水分散失，因此，根系必须源源不断地吸收水分以供叶片蒸腾耗水。靠近根系的水分被吸收了，远处的水就会流向根表，溶解于水中的养分也跟着到达根表，从而被根系吸收；第三种是养分扩散，肥料溶解后进入土壤溶液，靠近根表的养分被吸收，浓度降低，远离根表的土壤溶液浓度相对较高，由此发生扩散，养分向低浓度的根表移动，最后被根系吸收。质流和扩散是最重要的养分迁移到根表的过程，且都离不开水做媒介。因此，肥料一定要溶解才能被吸收，不溶解的肥料是无效的，这就要求在实际生产过程中，灌溉和施肥须同时进行（或称为水肥一体化管理），以确保进入土壤的肥料被充分吸收，从而提高肥料的利用率。

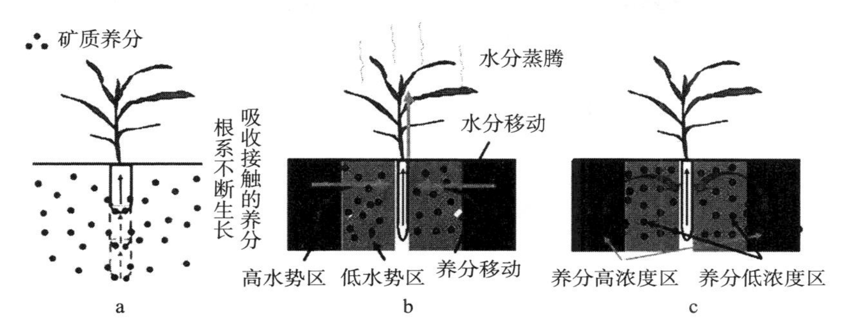

图 1-1　作物吸收养分方式

a. 养分截获　b. 养分质流　c. 养分扩散

水肥一体化的作用目标是作物根系，原理是借助压力系统或地形自然落差，将可溶性固体或液体肥料，按照土壤养分含量和作物种类的需肥规律特点配对，将配对好的肥料液与灌溉用水一起，通过可控管道系统供水、供肥。水肥相融后，借助管道和滴头形成滴灌（图 1-2），定时、定量、均匀地浸润作物根系发育生长区域，

图 1-2　滴灌作用方式

使主要根系土壤始终保持疏松和适宜的含水量。同时，根据不同作物在不同生长时期的需水需肥规律、土壤环境和养分含量状况等因素进行特定水肥需求设计，从而实现定时定量、按比例地将水分和养分直接提供给作物。

第二节　水肥一体化技术的优缺点

水是生命之源，是农业生产发展的必要条件，肥料是农业增产高产的重要保障。有农谚说，“水是命，肥是劲，有收无收在于水，收多收少在于肥”，这直接说明了水和肥决定了作物的生长情况和收获产量。

据统计，我国每年化肥用量超过 5 900 万 t，居世界首位。然而，肥料当季利用率只有 39%，低于发达国家近十几个百分点。这种高耗低效的生产方式带来了资源浪费、生态退化和环境污染等一系列问题，已成为制约我国农业可持续发展的瓶颈，而使用水肥一体化技术可以在很大程度上缓解当前我国农业的水、肥问题。水与肥是联姻互补、互相作用的因子，充分利用水肥之间的交互作用，是我国农业增产、农民增收的重要手段。因此，以“以肥调水、以水促肥”为核心内容，并将节水灌溉及按需供肥相结合的水肥一体化技术是我国现代农业和植物营养学科研究的热点和重要的发展方向。

一、水肥一体化技术的优点

与传统灌溉施肥方法相比，水肥一体化技术实现了从浇地到浇作物，肥随水走，以水促肥，实现水分和养分的同步供应，具备以下诸多优点：

①节省劳动力。在作物生产中，水肥管理会耗费大量人力。传统施肥方式大多需挖穴或开浅沟，施肥后要灌水，势必耗费大量劳动力。而水肥一体化技术的介入可直接实现水肥的同步管理，节省大量用于灌溉和施肥的劳动力。南方地区很多果园、茶园及经济作

物位于丘陵山地，施肥灌溉难度很大，采用滴灌施肥可以大幅度减轻劳动强度。此外，近年来劳动力雇佣价格越来越高，将水肥一体化技术投入生产的成本随之显著降低。

②提高肥料利用率。在水肥一体化技术条件下，溶解后的肥料被直接输送到作物根系最集中的部位，充分保证了根系对养分的快速吸收。在滴灌方式下，含养分的水滴缓慢渗入土壤，延长了作物对水肥的吸收时间。而当根区土壤水分饱和后可立即停止灌水，由此可以大大减少由于过量灌溉导致的养分向深层土壤的渗漏损失，特别是硝态氮和尿素的流失。但传统耕作方式中施肥和灌溉是分开进行的，肥料施入土壤后，由于没有及时灌水或灌水量不足，肥料留存于土壤中，并没有被根系充分吸收；而灌溉时虽然土壤可以达到水分饱和，但灌溉的时间很短，根系吸收养分的时间也不足。引入水肥一体化技术后，肥料利用率提高，这就意味着施肥用量减少，降低了肥料成本和损耗。

③灵活、精准控制施肥数量和时间。水肥一体化技术可根据不同作物不同生长时期的养分需求进行有规律、有针对性地施肥，施肥数量和时间可灵活、方便、精准把控，做到何时缺何时补、缺什么补什么，实现精准施肥。如果树在抽梢期，主要需要氮；在幼果期，需要氮、磷、钾等多种养分；在果实发育后期，钾的需求量增加。可以根据作物的养分特点和需求，研制各个时期的肥料配方，为作物提供完全营养，避免缺素症状的产生。此外，有些作物在需肥高峰时正是封行的时候（甘蔗、马铃薯、菠萝等），传统施肥方式无法进行，如采用滴灌施肥则不受限制，可以随时施肥，真正按作物的营养规律施肥；有些作物还需通过覆膜栽培来提高地温、抑制杂草生长、防止土壤表层盐分累积、减少病害发生，但覆膜后通常无法灌溉和施肥（图1－3和图1－4），如采用膜下滴灌，这个问题就可迎刃而解。

④施肥及时，养分吸收快。对于集约化管理的农场或果园，可以在很短时间内完成施肥任务，作物生长速率均匀一致，有利于合理安排田间作业，对作物和果树的生长具有现实意义。抽梢整齐方

图 1-3　甘蔗封行后人工追肥困难

图 1-4　覆膜栽培后人工追肥困难

便统一喷药从而有效控制病虫害，作物和果实成熟一致方便集中采收。

⑤有效利用微量元素。金属微量元素通常应用螯合态，价格较高，通过微灌系统可以做到精准供应，提高肥料利用率，从而降低施用成本。

⑥改善土壤环境状况。微灌浇灌均匀度可达90%以上，克服了畦灌和淋灌可能造成的土壤板结问题。微灌还可以保持土壤良好的水气状态，基本不破坏原有的土壤结构。由于土壤蒸发量小，土壤湿度的保持时间长，微生物生长旺盛，有利于土壤养分转化。

⑦可使作物在边际土壤条件下正常生长。在沙地或沙丘地区，因持水能力很差，水分几乎没有横向扩散，按照传统方式浇灌容易发生深层渗漏，水肥管理是个大问题，严重影响作物的正常生长。采用水肥一体化技术后，可有效克服这个问题。国外已有利用先进的滴灌技术配套微灌施肥开发沙漠，进行商品化作物栽培的成功经验，如以色列在南部沙漠地带广泛应用微灌施肥技术生产甜椒、番茄、花卉等，成为欧洲冬季著名的“菜篮子”和鲜花供应基地。我国有大量的滨海盐土和盐碱土，采用膜下滴灌施肥也可以使这些问题土壤生长作物。

⑧提高作物抗风险能力。近年来，我国多地发生连续干旱，持续时间长，人工灌溉的成本提高，但成苗率低、产量低，而应用水肥一体化技术的地块仍可保持丰产稳产，具有显著优势。同时，应用水肥一体化技术浇灌的作物由于长势好，抗逆境能力也相对提高。

⑨有利于保护环境。目前，我国单位面积的施肥量居世界前列，肥料的利用率较低。由于不合理施肥造成了肥料的极大浪费，大量肥料没有被作物吸收利用就进入环境，尤其是水体，导致江河湖泊的富营养化。在水肥一体化技术条件下，通过控制灌溉深度，可避免将化肥淋洗至深层土壤，从而大大减少由于不合理施肥、过量施肥等对土壤和地下水造成的污染，尤其是硝态氮的淋溶损失可以大幅减少。

⑩水肥一体化技术的应用可充分发挥水肥的相互作用，实现水肥效益的最大化，相对减少了水的用量，节约了成本。

⑪水肥一体化技术的应用有利于实现和普及标准化栽培，是现代农业的一个重要技术措施。在一些地区的作物标准化栽培手册中，已将水肥一体化技术作为标准技术措施推广。

二、水肥一体化技术的局限性

尽管水肥一体化技术已日趋成熟，有上述诸多优点，但实际应用中仍然存在以下局限性：

①设备成本高。水肥一体化技术的应用属于设施施肥，需要购买必需的设备，其最大局限性在于一次性投资较大，温室灌溉施肥的投资更是高于大田，对于普通农户还是个不小的负担。

②滴头容易堵塞。水肥一体化技术对管理有一定要求，管理不善容易导致滴头堵塞。如磷酸盐类化肥，在适宜的 pH 条件下易在管内产生沉淀，出现堵塞。而在一些井水灌溉的地方，水中富含铁质，引起的滴头铁堵塞常会使系统报废。

③对肥料溶解度要求较高。在选择通过灌溉系统施肥时，不同类型的肥料应根据溶解度进行有选择地施用。肥料选择不当很容易出现堵塞，从而降低设备的使用效率。没有配套肥料，上述部分优点不能充分发挥。

④要求用户观念及时转变。采用水肥一体化技术后，肥料种类、施肥量、施肥方法、肥料在不同时期的分配都与传统施肥方式存在很大差异，用户应及时转变观念。而生产中很多用户安装了先进灌溉设备，却还是遵照传统的施肥方法，导致效果不佳，甚至出现负面结果。

⑤发生限根效应。水肥一体化技术应用条件下，施肥通常只湿润部分土壤，根系的生长可能只局限在灌水器的湿润区，有可能造成作物的限根效应，致使株型较大的植株发育矮小。在干旱半干旱地区只依赖滴灌供水出现这种情况的可能性较大。但在华南地区降水较为丰富，设施灌溉并不是水分的唯一来源，也就基本不存在限

根效应。

⑥造成盐分累积。长期应用微灌施肥，特别是滴灌施肥，容易造成湿润区边缘的盐分累积。但在降水充沛的地区，雨水可以淋洗盐分，如在我国南方地区田间应用灌溉施肥，则不存在土壤盐分累积的问题。而在大棚中多年应用滴灌施肥，盐分累积问题就会比较突出。

⑦有可能污染灌溉水源。施肥设备与供水管道连通后，在正常的情况下，肥液被灌溉水带到田间。但若发生特殊情况如事故、停电等，则有时系统内会产生回流现象，这时肥液可能被带到水源处。另外，当饮用水与灌溉水使用同一主管网时，如无适当措施，肥液也可能进入饮用水管道，这些都会造成对水源的污染。然而，考虑到以上情况，在设计和应用时采取一定的安全措施，如安装逆止阀、真空破坏阀等，就可避免污染的发生。

第三节　智能灌溉技术国内外发展历程

一、水肥一体化技术的国内外发展历程

随着我国经济的快速发展和人口的日益增长，可持续发展农业越来越受到重视，尤其对土地和水肥的利用。相关数据显示，我国每人拥有的农用地面积约为世界平均水平的1/3，每人拥有的水资源约为世界平均水平的1/4。按照此发展趋势，我国的农用地和水资源形势将会越来越严峻，这就要求以越来越少的水和土地获得更高的作物产量。

节水农业是提高用水有效性的农业，是水、土、作物资源综合开发利用的系统工程；衡量节水农业的标准是作物的产量及其品质，用水的利用率及其生产率。滴灌是目前最有效的节水灌溉方式，是按照作物需水要求，通过管道系统与安装在毛管上的灌水器，将作物需要的水分和养分一滴一滴均匀而又缓慢地滴入作物根区土壤中的灌水方法。滴灌施肥技术是当今世界上公认的最先进的精量灌溉、精准施肥技术之一。它利用滴灌设施以最经济有效的方

式供给作物所需的水分、养分，并使其限定在作物有效根域范围内，实现对供给的水分和养分及作物个体和群体的有效调控，旨在作物的不同生育阶段将所需的不同养分和水分多次小量供给，肥水均匀浸润在特定区域的耕层内，满足作物生长发育的需要，达到节水节肥、高产高效的目的。该技术源于以色列，已在世界上 80 多个国家和地区得到广泛应用。

水肥一体化技术是将灌溉与施肥融为一体的农业高新实用技术，是按照作物需水、需肥规律，根据土壤的墒情和养分状况，通过压力管道系统与安装在末级管道上的灌水器将肥料溶液以较小的流量均匀、准确、直接地输送到作物根系附近的土壤表面或土层中的综合技术。水肥一体化技术在干旱缺水及经济发达国家农业中已得到广泛应用，在国外有一特定词描述，叫“Fertigation”，即“Fertilization（施肥）”和“Irrigation（灌溉）”各拿半个词组合而成的，意为灌溉和施肥结合的一种技术。国内根据英文字意翻译成“灌溉施肥”“加肥灌溉”“水肥耦合”“水肥一体”“肥水灌溉”等多种叫法。

水肥一体化技术具有以下几个特点：第一，节约水资源。传统的灌溉方式畦灌和大水漫灌，常将水量在运输途中或非根系区内浪费。而水肥一体化技术主要采用滴灌、微喷灌等一些节水灌溉方式进行施肥，通过可控管道滴状浸润作物根系，从而将用水量降到最小，减少水分的下渗和蒸发，提高水分利用率，通常可节水 30%～40%。第二，提高肥料利用率。水肥一体化技术是将溶解后的液体肥料直接输送到植物的根部集中部位，与传统施肥方式相比有减少肥料挥发、流失及土壤对养分的固定的特点，而且实现了集中施肥和平衡施肥。在同等条件下，一般可节约肥料 30%～50%。第三，减少农药用量。设施蔬菜棚内因采用水肥一体化技术可使其湿度降低 8.5%～15.0%，从而在一定程度上抑制病虫害的发生。此外，棚内由于减少通风降湿的次数而使温度提高 2～4℃，使作物生长更为健壮，增强其抵抗病虫害的能力，从而减少农药用量。第四，提高农作物产量与品质。实行水肥一体化的作物因得到其生理需要的水肥，其果实果型饱满，个头大，通常可增产10%～20%。此外，由于病虫害的减少，腐烂果及畸形果的数量减少，果实品质得到明显改善。以设施栽培黄瓜为例，实施水肥一体化技术施肥后的黄瓜比常规畦灌施肥减少畸形瓜21%，黄瓜增产4 200kg/hm^2。产值增加20 340元/hm^2。第五，节省劳动力。传统的灌溉和施肥方法是每次施肥需要挖穴或开浅沟，施肥后再灌水。而利用水肥一体化技术实现水肥同步管理，可以节省人工开沟施肥、灌水的时间及费用，同时节省大量劳动力。第六，改善土壤微生态环境。水肥一体化技术使土壤容重降低，孔隙度增加，增强土壤微生物的活性，促进作物对养分的吸收，减少养分淋失，从而克服了土壤板结和地下水资源污染，耕地综合生产能力大大提高。

随着现代化农业的发展，国家推进智慧农业的建设以及水溶肥和微灌技术得到推广，为水肥一体化系统的发展奠定了基础。为了促使国内农业的可持续发展，提高水肥的利用率，达到作物优质高产的目的，必须大力发展水肥一体化技术，设计研发在保证精度和稳定性基础上，基于大中园区的一种适用性广、操作简易的水肥一体化系统，达到精准、可控和灌溉施肥的目的，以减少肥料的浪费，同时提高作物吸收率，降低生产成本，提高作物产量。

（一）国外发展历程

水肥一体化技术是现代可持续农业的重要环节，在这方面，国外的水肥一体化技术起步较早，发达国家早已大量投入到实际农业生产当中。水肥一体化技术与成熟的农业物联网技术相结合，是发达国家农业水平持续提升的重要原因之一，也是现代化智慧农业快速发展的重要推动力。

早在20世纪30年代就有国家开始研究实施喷灌这一先进的节水灌溉技术。西方国家采用喷灌设备灌溉作物，始于庭园花卉和草坪的灌溉。20世纪30年代至40年代，欧洲发达国家由于金属冶炼、轧制技术和机械工业的迅速发展，逐渐采用壁金属管做地面移动输水管，代替投资大的地埋固定管，用缝隙或折射喷头浇灌作物。自第二次世界大战结束后，西方经济快速发展，喷灌技术及其机具设备的研制又进一步得到了快速发展。

随着施肥设备的不断研发和更新，对肥料施用量的精准性控制要求也越来越高。施肥设备的发展也从需手工调节的肥料罐发展到机械自动化控水控肥设备，再到现在的施肥机系统，水肥同步供应的能力得到质的飞跃。如在温室中应用的施肥机等设备，将计算机、酸度计、电导率仪及灌溉控制器等仪器相连接，自动监控肥料混合罐内肥液 pH 和 EC 值，从而实现对肥料用量更为精确地控制。目前，在以色列、美国、荷兰、西班牙、澳大利亚、塞浦路斯等水肥一体化灌溉施肥技术发达的国家，已形成了设备生产、肥料配制、推广和服务的完善技术体系。

20 世纪 50 年代以后，塑料工业的快速发展，为满足水资源缺乏地区灌溉的需要，以塑料为基础的滴灌和喷灌技术逐渐发展起来。20 世纪 60 年代，以色列为提高水资源利用率开始发展及应用水肥一体化灌溉施肥技术。该国人均耕地面积仅为 0.057 5hm^2，干旱和沙漠等农业发展困难地区所占国土比重较大，这为以色列农业生产提出了巨大挑战。20 世纪 60 年代初，以色列开始发展和普及水肥一体化技术。1964 年以色列建立了用于施肥灌溉的全国输水系统（National Water Carrier），并将其应用到温室作物、大田蔬菜和作物、果蔬及花卉种植中。因自然环境局限性大，数十年来，以色列集中力量研究农业节水灌溉技术，经过多年技术攻关，探索出世界上最先进的喷灌、滴灌、微喷灌和微滴灌技术，在干旱和沙漠地区获得了较为显著的效果。因此，以色列能创造从“沙漠之国”到“农业强国”的奇迹，主要就是在节水农业的基础上全面发展高效的水肥一体化技术，应用比例高达 90%以上。这项技术使农业用水的利用率提高 40%～60%，肥料利用率提高 30%～50%。

美国水肥一体化技术出现较早，发展较快，水肥一体化智能灌溉设备比较发达。1995 年，当 4 500 多个农场进行施肥灌溉时，大规模的灌溉区已经设有调度中心进行自动控制。为进一步提高水肥灌溉成效，美国研究人员通过分析水肥混合后肥料分布规律和水肥混合系统中压力特点，制定出一系列灌溉制度，肥料利用率整体提高10.5%。随后通过对水肥灌溉技术的不断研究和改进，可实现精确配肥的水肥一体化技术问世。目前，美国是世界上微灌面积最大的国家，其中，60%的马铃薯、25%的玉米和33%的果树种植均采用水肥一体化技术灌溉。加利福尼亚州已建立了完善的灌溉施肥设施和配套服务体系，成为现代农业生产体系的典范，为世界其他国家的农产品生产起到借鉴作用。

日本国土面积小，农业可用地面积十分有限。同时，人口老龄化问题越来越严峻，农业生产发展受到严重限制。由于土地和人口资源贫瘠，日本大力发展现代化智能农业。尽管日本的水肥一体化技术较其他发达国家起步较晚，但凭借其较高的科研攻关水平，到20世纪80年代中期，有50%的农田灌溉实现了输水网管道化。目前，日本的水肥一体化技术已发展得非常成熟，普及率高达90%以上，显著提高了农业水资源的利用率。

荷兰自20世纪50年代初期以来，温室大棚产业发展迅速。为解决温室灌溉设施多功能性的问题，采用自动化装备的运行来实现水和肥料的科学配比、有效混合，精准控制营养液的pH和EC值，从而实现水肥一体化营养液循环技术。得益于该技术的应用管理，温室大棚实现节水21%、节肥34%。

澳大利亚近年来水肥一体化技术也得到快速发展，政府出台了一项“水安全计划”，用以支持灌溉设施的发展和水肥一体化技术的应用，并建立了用于指导水肥一体化技术的监测体系，为推动该技术在国内的发展提供了很大的支撑力。

此外，水肥一体化发展较快的国家还有德国、西班牙、意大利、印度、法国等。总体来说，发达国家的水肥一体化设备发展较快，技术成熟。农田主要采用滴灌式和微喷式的灌溉方式，温室多采用水肥一体化循环式技术，全面实现节水节肥，提高水肥利用率。同时，由于水肥一体化技术的应用具有显著的环保优势，很多水资源充足的国家也开始致力于水肥一体化技术的研究和应用，普及率大幅提高。

（二）国内发展历程

我国是农业大国，灌溉历史悠久，但是灌溉系统和设施落后，对水肥的利用率较低，资源浪费严重，农作物产量和品质都不高，部分地区还发生了较为严重的环境问题。由于我国相关技术起步发展较晚，早期在这方面应用不是很成熟，我国所研发的设备虽然可以满足农业生产中部分要求，但由于较为昂贵，市场接受度不高，应用不广泛。随着我国对物联网技术和无线传感技术有了更深入的研究后，将物联网技术运用到农业灌溉的领域研究变得更多了。从水肥一体化技术的应用来说，我国比发达国家晚了约 20 年。20 世纪 70 年代初期，我国的水肥一体化才开始初步的发展。通过对国外施肥设备的研究，开始研发制造，并进行区域实验测试。直到 1974 年从墨西哥引进首套滴灌系统，才开始展开对智能灌溉系统的研究。1980 年我国第一代成套滴灌设备研制生产成功。

1981 年起，在引进国外先进生产工艺的基础上，我国灌溉设备的规模化生产逐步形成，在应用上从试验、示范到大面积推广，节水增产效益显著。在进行节水灌溉试验的同时，水肥一体化灌溉施肥的试验研究也正式开展。

国家和大众对灌溉施肥理论和应用技术的重视程度日趋增强，推动了水肥一体化技术研究的不断完善和发展。一些研究单位和企业合作，研发了适合当地条件的施肥设备和灌溉技术，如旁通施肥罐、文丘里施肥器、重力自压式施肥系统和泵吸施肥法等。

随着现代智能技术的发展，单片机和 PLC 等控制器与传感器运用到水肥一体化设备中，加快了中国现代农业进程，在此形势下，在国内已经有许多的学者和技术员对水肥一体化设备进行研发。当前水肥一体化灌溉施肥技术已经由过去的局部试验示范发展成大面积的推广应用，使用范围从华北地区扩大到西北干旱地区、东北寒温带区和华南亚热带地区，应用于无土栽培和设施栽培等多种栽培模式，以及大田作物、花卉、果蔬等多种农作物。部分地区因地制宜地对该技术进行改进，如山区的重力自压滴灌施肥、华南地区利用灌溉系统施用有机液肥等，新疆的膜下滴灌施肥技术更是走在世界前列，目前已推广到棉花、玉米、蔬菜、果树、花卉和烟草等作物，推广面积达几千万亩①。

总体上，我国水肥一体化技术水平已从20世纪80年代的初级阶段发展提高到中级阶段。其中，大型现代温室装备、部分微灌设备产品性能和自动化控制已基本达到国际领先水平；微灌工程的设计方法及理论也已接近世界领先水平；微灌工程技术规范和微灌设备产品已跃居世界领先水平。但是从整体上看，国内某些微灌设备产品尤其是首部配套设备的质量同国外同类先进产品相比仍存在较大差距；全国应用水肥一体化技术的覆盖面积所占比例还小；我国水肥一体化技术系统的管理水平还是相对较低；节水灌溉施肥的研究与技术培训投入不足。因此，大力发展水肥一体化技术需要多方面共同努力。

二、神经网络在灌溉领域的国内外研究现状

我国是农业大国，有着广阔的农田覆盖面，灌溉用水量大，但灌溉水资源利用率不高，农业灌溉自动化、智能化程度偏低，在一定程度上造成了水资源的浪费，阻碍了我国农业的持续发展。随着物联网技术的不断发展，逐渐衍生出农业物联网技术，这使得现代农业逐渐向“精准控制”及“合理灌溉”的方向发展。农业物联网技术是将传统物联网技术与现代农业相互结合的产物，通常是将许多传感器安置在农业现场，采集到现场数据后通过传感器节点自组织形成的网络发送到上位机，农民可在上位机中查看农业现场的各种数据，也可以通过上位机来控制农业现场的各种开关，以此方便农民们及时发现问题以便及时做出决定，从而实现农业技术由以人力为中心的生产模式向以信息为中心、以智能化控制系统为中心的转变。将人工神经网络的技术应用于智能灌溉领域中，就是把计算

① 亩为非法定计量单位，1亩$=1/15hm^2$。——编者注

机语言用来模拟人的大脑神经来进行相应的决断，以通过该方法对农作物的灌溉进行指导。该方法的主要内涵就是，利用某种网络的拓扑结构，来模拟农作物种植的环境，并为其环境信息提供智能处理系统。在现代农业灌溉问题中，通过调整大量并行互联节点之间的连接关系，人工神经网络可以适应复杂环境及多目标控制要求，并完成信息处理。神经网络还可以与其他类型的控制原理相结合，产生更好的灌溉控制效果。神经网络在智慧农业灌溉系统中的应用可以解决作物灌溉的两个问题：一是土壤与气候变幻的不确定性和非线性；二是农田多环境因素的耦合。所以，人工神经网络的使用激起了许多智慧农业工作人员的兴趣。

国外的 Capraro 等人提取土壤入渗性能的关键特征值，基于神经网络通过对相应实验数据的训练，构造了灌溉水入渗深度预测模型，可依照作物需求将灌溉水湿润控制到合适的土层，从而缓解深层水分流失问题。然而，此研究提取的特征值有限，仅仅只有四个，此外，建立的土层渗透模型只进行了室内验证。预测的精确度和实际精确度误差不超过 10%。室内环境和复杂的农田环境不同，模型预测的准确性和合理性不能得到保证。

我国对于灌溉控制系统的研究相对来说起步较晚，目前还处于研发阶段，还没有研究出应用较为广泛的灌溉设备。近几年在国家的号召下，越来越多的先进技术被应用于农业方面，一些小规模的经济作物如花卉、蔬菜等，已经基本实现了自动化管理，但农田这种大规模的产业还没有成熟的自动管理系统，特别是智能灌溉方面，国内的研究与其他发达国家相比还是较为落后。

刘书伦等人针对农业灌溉中资源浪费等问题，设计了一款基于物联网 Android 平台的农业灌溉系统，能够对多个传感器节点的数据进行采集，并能对控制器节点进行远程监测与控制。该系统较为灵活，用户可通过移动端实现对农业现场的监测与控制。但该系统决策还需人为决定，没有实现真正意义上的智能化。

为了对寒地水稻进行适量灌溉，张伶鳦等人设计了一种基于调亏理论和模糊控制的智能灌溉策略，该策略由预测灌溉和模糊控制灌溉两部分组成。预测灌溉部分通过建立水分含量变化函数来预测何时需进行灌溉；模糊控制灌溉部分通过二级模糊控制器确定最佳土壤湿度及灌溉时长。

该策略能够有效节水，并降低了灌溉成本。2017 年，瞿国庆、施佺提出一种基于广义预测控制与物联网的智能温室灌溉系统。该系统使用农作物蒸腾量模型的事件产生器来驱动 GPC 控制器，根据控制过程的动态调节控制系统的激活频率。实验表明，该系统能够减少控制成本并提高控制精度。

2018 年，刘成涛等人根据作物附近空气温湿度与土壤湿度，使用模糊控制算法进行处理，实现了作物的水、光、二氧化碳等的自动补偿，并可将数据上传至平台存储，用户可从微信中随时读取。该系统成本低，安装方便，操作简单，但由于存在网络延迟，获取信息会出现不同步的现象，会对用户实时查看现场数据产生影响。

对比国外来说，国内自动灌溉技术虽然起步较晚，但是比起从前在技术上和规模上都有较大的进步，已经能够自主创新，并且逐渐向智能化的方向发展。但大多自动灌溉系统还处于理论实验阶段，没有进行实际应用，产品较贵且规模小，普及较为困难。随着中国现代化农业在机械化、无人化上的不断发展，自动灌溉技术的需求也越来越高，急需对现代化、自动化、智能化的灌溉控制系统进行研究。

我国的迟道才等人提出了一种并行灰色神经网络与灰色预测方法相结合的并联灰色神经网络组合模型来预测灌溉用水量，提高了预测精度，可应用于长期灌溉用水量预测，具有很好的应用前景。此外，我国的赵天图、马蓉等人利用 ZigBee 技术和反向传播（Back-Propagation，BP）神经网络相融合的方法，用以对棉花的自动灌溉，他们先利用 ZigBee 技术和传感器技术得到棉花的环境参数，随后训练 BP 神经网络预警模型。该文献的实验结果显示，该系统可以完成对灌溉数据的采集，适合棉花对灌溉的需求，并能实时化监控。上述两篇国内文献均可以将神经网络技术运用在数据的计算、推断、辨识和对相应农作物的灌溉进行智能化控制，在国内的相关领域具备较高的水准和参考价值。然而，上述两种方法均不能全面且系统化地对网络的结构与类型进行确定，这样可能会存在在数据运算过程中出现网络训练失败的情况。

总而言之，在智慧灌溉领域运用人工神经网络技术能够凸显很好的智能特性。此外，在这些领域的应用前景也非常好，此应用有助于对复杂的农田环境及多目标控制等问题的解决。

三、DSSAT① 模型在智能灌溉领域研究进展

随着农业物联网信息技术的快速发展和专家决策智能灌溉系统在农业生产过程中的推广应用，使得农民可以越来越轻松、智能地种田。农业专家系统储存着与农业相关的资料，通过模拟专家解决问题的思维去推理、推测，并利用专家的经验和知识去解决农业生产过程中遇到的复杂难题。我国被称为农业大国，耕地面积广大，农业用水量是全国总用水量中占比最大的，为 60%。但是，我国农业灌溉用水被真正利用的只有 45%，这个数字表明，在灌溉和传输过程中有大部分水被浪费。而在农业发展先进的国家，农业灌溉用水的有效利用率是我国农业灌溉用水利用率的两倍，远远超过我国。我国农业用水量是最大的，利用率却是最低的，这成为制约我国农业可持续发展的一个重要因素。在农业水利灌溉上，农户更多的是凭借个人经验对农作物进行浇水，这种经验是模糊和不确定的，缺乏理论依据，会造成农作物灌水量过多或过少，使农作物产量减少、水资源浪费。为了推进农业现代化，扩大农业发展规模，我国各地在推动农业发展的道路上积极探索，并取得一些不错的成果。杨伟志等人设计的基于物联网和人工智能的柑橘灌溉专家系统，把采集到实时数据和天气预报作为灌溉决策的依据，专家系统通过运用人工智能自然语言处理技术，指导用户更好地管理柑橘

① DSSAT 即为农业技术转移决策支持系统（Decision Support System for Agrotechnology Transfer）。

园，使灌溉更合理、更科学。江苏大学沈建炜设计的基于物联网技术的蓝莓园，通过对传感器布点和无线通信组网方案的设计实现实时数据的采集，综合考虑温度、湿度、降水量、风速等环境因素做灌溉预测。谢家兴设计的基于物联网的智能灌溉专家系统，通过采集多个环境变量，并考虑到干旱性气候因素，建立决策模型，实现对农作物精准灌溉。虞佳佳设计了基于物联网和专家决策系统的农田精准灌溉系统，是根据设计灌水的上下限，当田间水分超过设定上下限值时，电磁阀能够被系统及时控制，对作物定时灌溉，但是没有考虑降水量等气候因素。

自 DSSAT 面世至今已经在许多地区和国家进行了适应性评价和应用，长期的使用也使得 DSSAT 作物生长模型得到了不断改进和完善，DSSAT 模型对多种作物模拟结果的准确性和适用性均得到了极大的提高和进步，应用范围和人群也在不断扩大。目前 DSSAT 模型被广泛应用于解决作物产量和生产潜力的相关问题、田间管理措施（主要集中在灌溉和施肥管理）、气候变化条件下对作物的风险分析等。

在亚洲地区，Asadi、Clement 等人应用 DSSAT 模型以泰国中部为研究样点模拟了该地区灌溉条件下玉米生长发育过程中氮的浸出率及其会对玉米产量产生的影响。

Bhatia 等人利用 DSSAT 模拟了印度的大豆在水分限制和无水分限制两种条件下获得的不同产量。

Arora 等人应用 DSSAT 中的 CERES-Rice 和 CERES-Wheat 模型模拟了印度在半湿润的亚热带气候下，不同氮素施用量状况下水稻和小麦对氮素的吸收和作物生长发育状况及两种作物的产量。

Basak 等人利用 DSSAT 模型评估了未来的气候变化对孟加拉国两个品种水稻生长发育状况和产量的影响。

Shrivastava 等人利用 DSSATV4.6 模型模拟印度地区土壤水分的蒸散，同时对比来自欧洲航天局（ESA）的遥感数据中衍生的土壤水分和 MODIS 蒸散量，结果表明，来自欧洲航天局的土壤水分和 MODIS 蒸散量与模型模拟的土壤水分和蒸散量较接近，因此可以认为，模型的相关模拟土壤水分和蒸散量数据能够为干旱年进行干旱监测和预测提供重要参考。

自20世纪90年代我国引进DSSAT作物生长模型以来，DSSAT模型得到了优化完善和发展，同时随着计算机技术的进步，应用该模型在不同作物的田间水氮管理措施，作物产量潜力估算及气候变化情景下作物的生产变化等方面均有大量的实验研究结果。

近年来，我国在应用DSSAT模型对各种作物在灌溉、施肥等田间管理措施等领域的研究取得了大量成果。对于小麦作物的研究，较早时雷水玲等人利用DSSAT模型对宁夏红寺堡地区不同土壤条件下春小麦生长发育期的土壤水分、水分利用效率及小麦产量进行模拟分析，为当地制定合理的春小麦灌溉制度提供了重要的理论依据。徐娜等人利用DSSAT模型模拟评价了黄土高原沟壑地区冬小麦的潜在产量并在充分调试和验证DSSAT模型适用性基础上，设定5种纯氮素和有机肥不同配比的施肥情景，选定2006年、2009年和2012年作为平水年、干旱年和丰水年的代表年份进行模拟，结果显示3种年型下有机肥施用量相同均为30 000kg/hm²，丰水年需要配以纯氮135kg/hm²、平水年45kg/hm²、干旱年90kg/hm²能够促使本区冬小麦产量的提高。成林等人基于冬小麦全生育期阶段缺水量的研究基础，以郑州地区2003年至2004年的逐日气象数据为气候背景，限定灌溉量在100mm以内，设置从不灌水至灌三水的4种灌溉处理，利用DSSAT模型模拟研究限量灌溉对冬小麦水分利用效率的影响，并引入田间水分管理反映指标(WMRIs)为评价不同灌溉方案提供参考。王文佳利用DSSAT模型模拟了关中地区冬小麦的水分利用效率（WUE)、土壤的蒸散量、作物的蒸腾量与产量之间的相互关系，并根据模拟结果为当地完善了灌溉制度。张益望结合田间试验与DSSAT模型模拟，对黄土塬区不同水肥条件下冬小麦生产力、水分和氮素平衡过程进行了试验研究与模型模拟。胡玉昆等人在充分校正和验证DSSAT模型适用性的基础上，模拟估算了石家庄地区山前平原区农业生产的需水量，以及农业需水量在不同降水典型年份的变异与时空分布。刘建刚等以吴桥地区为样点使用 DSSAT 模型以为工具模拟了华北地区不同氮肥施用水平和不同地块之间冬小麦的产量，研究结果显示不同地块之间施肥水平和冬小麦产量均有较大差异。中国热带科学信息研究院在芒果种植上采用基于 DSSAT 模型的智能灌溉系统，通过计算多个环境因子，实现农作物定时、定量灌溉，提高灌溉效率及准确性，达到节水、节肥的目的。

四、物联网研究现状

1999 年，美国学者 Kevin Ashton 提出“物联网”这一名词，在当时，物联网主要是依靠 RFID 技术实现物物互联的技术。2005 年，国际电信联盟正式提出物联网这一概念，扩展了传感器技术、纳米技术等物联网关键技术。物联网应用于众多领域，不同领域对其定义不同，但其关键技术基本相同。物联网就是在互联网基础上进行延伸与扩展，并通过各类传感器与互联网紧密结合在一起构成的巨大网络，实现人、机、物的实时互联互通。20 世纪中后期，西方一些国家开始将物联网应用于农作物温室种植，目前该技术已经能够实现农作物信息采集以及农业自动化生产等精准控制。法国采用卫星检测等技术对农作物的病虫害进行预测并提前预防，提高作物的产量。欧美国家将物联网应用于养殖系统，通过传感器采集传输信息，实现对牲畜自动供水以及监控报警等。

当前，无线网络已经将世界各处紧密连接，管理者可以通过 PC、手机等对农业生产基地进行智能检测与管理。在国内，许多研究员进行物联网应用研究与开发，如基于蓝牙、4G 等无线传输的智能控制系统，实现对系统远程监控与控制。国内 4G 网络已得到普及，应用 4G 网络进行数据远程传输，利用物联网平台实现对农业生产的远程控制与监控。

五、基于物联网技术的水肥一体化对果树的研究

在水肥一体化技术应用于实际农业生产过程中，水、肥作为影响果树生长发育的主要因素，合理的水肥施入有利于果树的生长发

育。Muhammad 等人就氮肥、钾肥种类和施用量对滴灌和喷灌条件下杏树产量的影响进行了研究，试验结果表明：增施氮肥可以提高杏树产量，而随着果树内存储的钾素消耗，过低的施钾量会造成产量下降，在一定程度内合理增加施氮量，可以显著增加新梢生长量和单株果数。赵春艳研究了水肥一体化条件下不同水肥处理下芒果产量的变化情况，试验结果表明：在作物水分相对亏缺情况下，灌水量对增产效果显著，而施肥及水肥交互等因素对增产效果不明显。若灌水量过大，也不利于产量提高。在水肥一体化条件下，水氮交互及水磷交互作用对芒果产量的增加效应表现得较为显著。水肥等因素对产量作用大小的表现顺序为施氮量＞灌水量＞施磷量＞施钾量。若以芒果产量为经济目标，每亩最佳水肥组合为，灌水量为 133.5m^3、施氮量 9.8kg、施磷量 2.6kg、施钾量 0.8kg。

对鲜食果品而言，品质是影响经济价值的重要因素，针对水肥交互对果实品质的研究，前人已做了不少的研究，如周罕觅等人研究在水肥一体化调控下，中水中肥处理下苹果幼树糖酸比最大，产量较高，水肥利用效率得到明显提高。王翠玲的研究发现，在灌水量充足条件下，在一定施肥量限度内，加大施肥量，草莓植株生长情况良好。石美娟等人研究水肥一体化对富士苹果果实品质的影响，选用 2 因素 5 水平试验设计，通过评价其果实外观和得出最佳的水肥配比以 60％田间持水量为下限，中等施氮水平可使果实品质得到显著提高。冯耀祖通过研究发现，虽然滴灌的形式会阻碍芒果糖分的提升，但水肥交互作用可以明显消除这不利的影响。而且在一定的程度内提高水肥用量会明显提高芒果的单果重、可溶性糖含量、维生素 C 含量等诸多芒果品质。由显著性分析结果可知，对芒果可溶性糖含量最大的因子是灌水量，其他因子影响作用排序为施氮量、施磷量、施钾量。对单粒重的影响最大的因子是施氮量，其他因子影响作用排序为灌水量、施磷量、施钾量。施肥量对其呈现无显著性影响。水肥一体化作用对新梢梢长及茎粗的增加均呈现极显著性影响。在不同水肥处理下，新梢茎粗在中水中肥处理下达到最大值，比最小值增加 51.32％。水肥交互作用不仅对果树生长影响显著，对耗水情况影响较为显著。何建斌等人曾以干旱地区芒果为例，探究了水肥一体化条件下不同水组合处理对其耗水量的影响，研究结果表明当灌水量水平较低时，由于肥料会使作物对水分需求增加，水可以促进作物对肥的吸收利用，因此耗水量随水肥施用量的增大而增大，当水肥施用过量时，耗水量与水肥量呈负效应，经过对不同处理下生育期耗水量及耗水强度分析，发现膨果期耗水量最大，其次是成熟期，这两个时期是芒果需水的关键时期，在膨果期和新梢生长期这两个阶段是芒果吸收利用土壤铵态氮、硝态氮、有效磷、速效钾的高峰期。侯裕生等人通过统计水肥一体化条件下芒果各生育期耗水量发现，全生育期的耗水量曲线呈现升降反复波动的变化趋势，膨果期耗水量平均值达到最大水平、萌芽期耗水量平均值达到最小水平。以高等灌水量和中等施肥量的处理下数据计算芒果的作物系数，可知作物系数随生育期的推进呈先增大后减小的变化趋势，新梢生长期、花期、膨果期作物系数处于较高水平，在萌芽期和枝蔓期处于较低水平。刘思汝研究水肥一体化对果树水分和养分迁移的变化时，得出结论，利用水肥一体化技术能够提高果树对水分和养分的吸收利用能力，由于该技术是直接将水分和养分送至作物根区附近，可有效减少养分的淋失。水肥一体化是调节果树生长发育的重要技术手段，通过科学合理的水肥施入来调节果树的光合特性，可以有效提高农业生产力。然而，在高水肥投入条件下，水肥交互作用对气孔导度影响呈显著性水平。中等和高等灌水量处理下的光合速率明显大于低水处理。这就表明，果树光合速率变化强弱依赖于水分供应是否充足。侯裕生研究表明了在一定的灌水条件下，净光合速率、蒸腾速率、气孔导度、叶片水分利用效率等光合指标随施肥量的增大呈现先增后减的趋势。在一定施肥条件下，这些光合指标随灌水量增大而增大。水肥是农业生产活动中必不可少的两大要素，适当的水分和养分供给是实现果树高产优质、降低农业投入基本保证。MJayakumar等人研究了滴灌水肥耦合条件下椰子生长和产量的变化，试验结果表明，与常规灌溉相比，滴灌处理下株高、单株叶片数、花序数等生长指标最大，滴灌施肥提高了椰子树的水肥利用效率，进而提高了产量。

第四节　芒果水肥一体化技术研究和推广应用中存在的问题

芒果是著名的热带水果，一直有“热带果王”的美称。芒果果肉细腻，果实中含有大量维生素、胡萝卜素等，还有铁、钙等矿物元素，受到社会群众的喜爱，当前具有良好的市场种植前景。芒果产业是中国农业经济增长的助推剂之一，更是中国热区最重要的产业之一。因此，将致力于提高水肥利用率的灌溉施肥技术应用于芒果产业具有深远的意义。

芒果对温度、湿度、降雨和光照等相当敏感。根系是果树吸收水分和养分的重要营养和贮藏器官，其数量的多少、根长及根表面积的大小反映根系吸收能力的强弱。因此，任何影响根系生长的栽培、灌溉方式和环境因子均会影响果树的生长发育。滴灌频率影响养分在土壤中的分布，进而导致根系的分布不同及根区养分有效性差异，可能是造成产量差异的主要原因。另一方面，高频的滴灌施肥可以降低水分波动，降低氮素淋洗损失，提高了水肥利用效率。有关水肥一体化技术影响果树根系生长的研究越来越被人们重视。有研究表明，长期使用地埋滴灌管模式灌溉施肥，可能会造成湿润区域边缘的盐分累积，会对芒果根系生长造成一定程度的限根效应；应用水肥一体化技术使芒果树在喷灌溉器附近的根系密度增加，而非湿润区根系生长受到抑制，少量多次的灌溉方式也导致芒果树根系分布变浅；合理应用滴灌施肥技术能显著促进芒果树根系的生长，增加根系与土壤的接触面积。氮素是果树生长发育过程中最重要的营养元素之一，而果树根系主要依赖根系大小和单位根系的吸氮速率来完成对氮素的吸收。根系较大有利于氮素的累积和可能的损失，且在氮素供应充足的条件下，高产果树的根系长度和根表面积均较大。水肥一体化技术显著改善了果树株高、果实重量、果实数量、可溶性固形物含量及可溶性糖等生长指标。

通过多年的技术引进、消化和吸收，我国在滴灌设备研制及生产、系统设计及配置、配套产品与技术开发等方面都取得了突破性的进展，部分滴灌设备产品性能和田间作业机械配套及以棉花等经济作物的应用效果已接近或达到国外同等水平。但在滴灌技术的应用范围、推广速度、应用效果等方面，在全国范围内存在较大的差异。这些问题反映在技术上主要有以下几个方面。

1. 基于滴灌的区域环境研究滞后　滴灌随水施肥是滴灌技术的重要组成部分，是实现水肥一体化、提高肥料利用率、增产增收、节本增效的关键措施。但目前大部分滴灌区注重滴灌田间工程建设、关注强调节水的因素较多，重视水肥结合、发挥肥的作用不够；实行氮肥随水滴施的较多，采用氮、磷、钾等多元素配方随水施的较少；大部分农户凭经验随意进行，滴灌技术的精准灌溉、精准施肥的作用没能得到充分发挥。

2. 管理者和操作人员认可程度低　在芒果种植业中，由于管理者对该技术接触较少，观念比较落后，仅了解比较简单的灌溉和施肥设备，特别是一线操作人员，年龄一般偏大，知识水平较低，对新技术和设备的应用操作学习慢，普遍存在抵触心理，宁可按照原有方式进行灌溉施肥，也不愿使用先进的能够减轻工作量的水肥一体化设备。

3. 缺乏专业性技术人才　灌溉施肥技术涉及灌溉工程、农田水利、作物、土壤和肥料等多门学科，对从业人员的综合技能要求很高。但目前我国急缺有这些知识背景的综合型人才，现有的农业从业人员（包含管理人员、操作人员和农民）的专业背景差异较大，对水肥一体化技术的认知程度也参差不齐，知识体系相对分散，寻找得力的技术援助并实现资源整合仍然是个大问题。

4. 对设备操作维护保养不重视　水肥一体化设备投入运行后，多数需要分阶段按时维护保养。但由于管理者或操作人员对其重视程度不高，缺乏责任心，不认真阅读设备操作说明书和操作规范，未对设备进行定期保养，导致设备在运行一段时间后出现各种问题，诸如水压不足、管道漏水、过滤器不按照说明书或操作规程进行清理、使用复合肥等溶解度较低的肥料、田间管道防护不足、设备未按照规程进行保养等。这将严重影响水肥一体化设备的正常运行，也进一步造成管理者和操作者对水肥一体化技术的不信任、不认可。

5. 未持续学习水肥一体化技术 水肥一体化技术作为一项先进的农业灌溉施肥技术，已在世界范围内得到认可和接受。水肥一体化技术是否可以发挥出最大作用，主要取决于管理者或操作者对水肥一体化技术的掌握程度。园区管理者和操作者原本就对水肥一体化技术认识不足，知识相对匮乏。加上相关理论和技能培训不足，在水肥一体化技术应用过程中从业人员对相关知识的持续吸收和技能的提升仍然不够注重，致使水肥一体化未能被充分利用，体现不出其使用效果，也因此类因素相关人员对水肥一体化技术或设备的作业效果产生误解，更进一步对其产生抵触心理。

6. 水肥一体化技术成本较高 农业生产本身也是一项经济活动，技术的发展最终还是要为提升经济效益服务，否则势必难以推广。目前，我国绝大部分农用水收费较低，农户们甚至能就地取材，通过河流引水从而减免农业用水的投入。然而，水肥一体化技术的前期建设成本较高，后期也需及时维护，经济投入较大，芒果种植收益甚至无法覆盖投入成本。因此，从节水增收的角度鼓励芒果种植户使用水肥一体化技术的说服力不足，整体收益不高，前期甚至可能发生亏损，致使果农不敢进行尝试。

第五节 芒果水肥一体化技术的应用前景

水肥一体化技术是现代农业生产中最重要的一项综合管理技术措施之一，具有显著的节水、节肥、节能、高效、环保等诸多特点，在世界范围内得到快速推广应用。欧洲很多地区并不缺水，但仍采用水肥一体化技术，就是考虑到该技术具有诸多优点，特别是对环境的保护。我国仍然面临着要以不足世界10％的耕地养活世界近20%的人口的问题。在此背景下，大力发展滴灌和水肥一体化将有利于解决控水减肥与粮食需求增长之间的矛盾，对于提高肥料利用率并减轻对环境的压力，保障粮食安全，保护生态环境具有极其重要的意义。水肥一体化技术是集装备和技术于一体的先进灌溉技术，是实现农业设施化、规范化、自动化的有效途径，它能使种植业最基本的两项农事活动（灌溉、施肥）实现精准化，能大大提高农业资源产出率和劳动生产率。

水是万物之源，是农业的命脉，涉及我国粮食安全、食品安全、生态安全和人与自然和谐共生的基本方略。实践证明：滴灌技术可节水50%以上；单位面积粮食作物增产20%以上，水产比提高80%以上；单位耕地的播种面积增加5%～7%；单位面积等产量的农药化肥使用量减少30%以上，有效降低了农田和食品的污染源。滴灌技术是一种广谱的节水技术，干旱半干旱、季节性或突发性缺水地区的洼地、坡地、山地等都适宜使用，适宜使用滴灌的作物种类也很广泛。据不完全统计：我国目前适宜采用滴灌的经济作物有油料、棉花、麻类、糖料、烟草、药材、蔬菜、果树等，面积约5 066.67万hm^2；灌区小麦、玉米等粮食作物播种面积约4 000万hm^2；果园面积约920万hm^2，且大部分分布在坡地和丘陵山区，缺少水源工程设施；设施温室、大棚面积约166.67万hm^2；治沙造林（仅经济林）约366.67万hm^2。可见，滴灌技术在我国有着广阔的发展前景。

中国是仅次于印度的第二大芒果生产国，同时也是世界上最大的芒果消费市场。芒果产业是中国农业的重要产业之一，也是中国热区的支柱产业之一，其长势会直接影响到热区甚至全国的农业经济发展。在芒果生长发育过程中，水和肥是影响芒果产量形成和质量提高的重要因子，同时也是制约芒果生长的重要因素。而在芒果主要生长在海南、广西、广东及云南、四川、福建、贵州等热带和亚热带地区，降水季节性分布不均，大部分降水发生在夏季和秋季。芒果种植区普遍温度较高，地表蒸发量大，加之植物的蒸腾作用，对于水资源的需求量很大。芒果虽然是耐旱作物，但花期和坐果期是果树对水分胁迫最敏感的时期，水分缺乏会给果实产量及品质造成显著影响。在果实发育期，一旦缺乏水分，果实生长发育将受到抑制；在坐果期，若果树缺乏水分，且无法得到及时补充，会造成芒果裂果等症状，导致减产。同时，在干旱季节需要对芒果园实施灌溉，避免干旱胁迫，这对芒果的稳产、增产起到至关重要的作用。然而若灌溉过度，则会造成水资源的严重浪费，增加投入成本。可见，水的有效利用对芒果产业的健康发展尤为重要。

我国又是世界化肥消耗大国，单位面积施肥量居世界前列，养分利用率不高。在芒果种植业中，农户多是依靠经验施肥，这就存在施肥过量的情况。同时，施肥不合理还会导致养分分布不均衡，有些地方过多地使用氮肥，导致氮、磷、钾比例失调，而有些地方虽注意了氮、磷、钾肥的平衡施用，但大量元素肥料和中微量元素肥料之间的比例失衡，严重影响到芒果的产量和质量。此外，施肥技术比较落后也是芒果种植业的一项短板，大多数果农仍然使用传统的施肥方式，如肥料撒施或大水冲施，这种施肥方式导致肥料利用率低下，不仅浪费大量的肥料资源，也造成大量的能源损失。而肥料资源的浪费则意味着对水体、土壤或大气的污染，严重威胁到环保。因此，在芒果种植中，如何提高水肥利用率，不仅体现在节约水肥资源、降低农业生产能耗，还体现在如何减少对环境的破坏与污染，从而保护我们的生存环境。

随着我国经济的发展，劳动力短缺现象愈加明显，劳动力成本也将越来越高，这在无形中增加了生产的成本。仅在芒果种植业中，青壮年所占比例很小，劳动力群体结构明显不合理，年龄断层严重。可以预见，在未来的若干年以后，一旦现有的这部分从业人员不再劳作，将很难有人来替代他们的工作，劳动力矛盾将更加突出；再有，现在的劳动力薪酬逐年增长，这一成本在未来将使不断增长的生产成本不堪重负。因此，如何实现高效低成本的生产将是每个果园经营者都必须考虑的问题。

上述诸多因素的分析均说明了研发可靠的自动化灌溉设备及操作系统是芒果生长增产的重要保障，也展现出在芒果种植业发展水肥一体化技术的重大意义和良好前景。该技术的本质是实现水肥协同管理，能够显著改善果树的生理和营养状况，还能有效控制灌溉用水量和施肥量，提高水肥利用效率，有利于从根本上改变芒果产业的生产方式，提高综合生产能力，还能大力促进生态环境的保护和建设，最终实现农产品竞争力增强、农业增效和农民增收的目的。

第二章　芒果水肥一体化系统的组成及主要灌溉模式

水肥一体化是借助压力系统（或地形自然落差），将可溶性固体或液体肥料，按土壤养分含量和作物种类的需肥规律和特点，配成肥液，与灌溉水一起通过可控管道系统为作物供水、供肥。水肥相融后，通过管道、喷枪或喷头形成喷灌，均匀、定时、定量地喷洒在作物发育生长区域，使主要发育生长区域土壤始终保持疏松和适宜的含水量，同时根据不同作物的需肥特点、土壤环境、养分含量状况和需肥规律情况进行不同生育期的需求设计，把水分、养分定时定量，按比例直接提供给作物。

第一节　芒果水肥一体化系统的组成

芒果水肥一体化微滴灌系统主要由阀门、水表、水泵、自动反冲洗过滤系统、智能化施肥机、pH/EC 控制器、施肥罐、安全阀、电磁阀、田间管道系统等组成。该系统适合在已建成设施农业基地或符合建设微灌设施要求的地方应用，要有固定水源且水质良好，如水库、蓄水池、地下水、河渠水等。系统由上位机软件系统、区域控制柜、分路控制器、变送器、数据采集终端组成。通过与供水系统有机结合，实现智能化控制，即可实现智能化监测、控制灌溉中的供水时间、施肥浓度及供水量。变送器（土壤水分变送器、流量变送器等）将实时监测灌溉状况，当灌区土壤湿度达到预先设定的下限值时，电磁阀可以自动开启，当监测的土壤含水量及液位达到预设的灌水定额后，可以自动关闭电磁阀系统，还可根据时间段调度整个灌区电磁阀的轮流工作，并手动控制灌溉和采集墒情。整个系统可协调工作实施轮灌，充分提高灌溉用水效率，实现节水、节电，减少劳动强度，降低人力投入成本。用户通过操作触摸屏进行管控，控制器会按照用户设定的配方、灌溉过程参数自动控制灌溉量、吸肥量、肥液浓度、酸碱度等水肥过程中的重要参数，实现对灌溉、施肥的定时定量控制，节水节肥、省力省时、提高产量。通过水位和视频监控能够实时监测滴灌系统水源状况，及时发布缺水预警；通过水泵电流和电压监测、出水口压力、流量监测、管网分干管流量和压力监测，能够及时发现滴灌系统爆管、漏水、低压运行等不合理的灌溉事件，及时通知系统维护人员，保障滴灌系统高效运行。

一、水肥一体化系统组成

（一）根据设备工作原理分类

从设备工作原理来讲，水肥一体化系统由水源工程、首部枢纽工程、输水管网和灌水器组成，分别如下。

1. 水源工程　足够的水源保障，如：河流水、湖泊水、水库水、池塘水、井水和渠道水等。

2. 首部枢纽工程　是整个系统的驱动、检测和控制中枢，由水泵及动力机、过滤器等水质净化设备、施肥装置、控制阀门、进排气阀、压力表、流量计等组成。

3. 输水管网　将首部枢纽处理过的水输送分配到每个灌水单元和灌水器，干、支管和毛管三级管道。

4. 灌水器　是直接向作物灌水的设备，其作用是消减压力，将水流变为水滴、细流或喷洒状施入土壤，主要有滴头、滴灌带、微喷头、渗灌滴头、渗灌管等。

（二）根据工程实施方式分类

从工程实施方式上来分，大致包括水源工程、供水系统、水处理系统、水肥控制系统、田间输配水管网系统、数据收集控制系统六大部分。

1. 水源工程 只要水质符合灌溉要求，均可作为灌溉的水源。包括江河、渠道、湖泊、井、水库等，为了充分利用各种水源进行灌溉，并使水质达到灌溉要求，往往需要修建引水、蓄水和提水工程，以及相应的输配电工程，这些统称为水源工程。

2. 供水系统 该系统主要包括供水水泵、变频、压力传感器或远传压力表、配电系统等，其功能主要是根据水肥一体化系统的需要将一台或多台水泵串联起来，利用变频技术将灌溉水加压到所需的压力范围内，通过各级管道输送到田间灌水器。供水系统主要是整个水肥一体化系统动力的来源，调节并控制系统的供水压力和水量，以满足灌溉要求。

3. 水处理系统 这里所说的水处理是对水质进行初步的过滤、酸碱度调节，或者根据种植需求调节水的硬度等。对于以江河水、湖水等作为灌溉水源，水中杂质含量较多，水质较差，对其处理较为复杂，通常会做一些水净化、过滤等，而对于井水而言，则相对简单一些，只做一些过滤即可。当然，对于无土栽培还应当对灌溉水进行严格的处理，使其达到无土栽培对水质的要求。

通常情况下，考虑到滴灌、微喷对于水质要求较高，水肥一体化系统普遍配置过滤装置，包括离心过滤器、沙石过滤器、叠片过滤器等。

4. 水肥控制系统 水肥控制系统可以说是水肥一体化技术的核心部分，其控制着整个水和肥的运行方式。其常用设备就是灌溉施肥机，其通过有线或无线的方式控制灌溉单元电磁阀的启闭，实现自动控制。虽然市场上的灌溉施肥机型号多样、样式不同，但功能比较相似。灌溉施肥机分为现场和远传操作两种控制方式，通常配有手动或自动两种模式。在手动模式下可直接控制施肥泵和电磁阀的开闭。自动模式下，可设置灌溉程序、灌溉日期、灌溉时间段、施肥时间或施肥量、EC 或 pH 等，设备将按照设置好的参数进行灌溉和施肥。

5. 田间输配水管网系统　田间输配水管网系统一般由干管、支管、田间首部、毛管及灌水器组成。干管一般采用PVC管材，支管一般采用PE管材或PVC管材，管径根据流量进行配置，田间首部根据种植需求安装有过滤器、文丘里和电磁阀等，毛管目前多选用小管径PE管或内镶式滴灌带、边缝迷宫式滴灌带等。干管或分干管端的进水口设闸阀，支管和辅管进水口处设球阀。

输配水管网的作用是将首部处理过的水或肥，按照要求输送到灌水单元和灌水器，毛管是微灌系统的末一级管道，在滴灌系统中，即为滴灌管，在微喷系统中，毛管上安装微喷头。

6. 数据收集控制系统　数据收集控制系统涉及数据收集、传输、反馈及存储4个方面。数据收集主要是通过各种传感器采集包括土壤、空气、植物等各种环境或生物体的各种数据，以供控制系统使用。传输主要是数据的通信方式，分为有线和无线传输两种方式，数据通过传输上传到上位机或者云平台上。反馈主要是计算、分析各种运行数据，对各设备或电磁阀等输出点进行控制，达到所设定的参数，实现控制效果。存储是将采集的数据保存在本地服务器或云平台上，不仅可以利用保存的数据对现场设备进行控制，还可以随时查看运行记录和历史数据。

二、水肥一体化的多种技术模式

1. 循环式技术模式　循环式技术模式是目前节水节肥效果最好的技术模式，该技术模式由控制系统、浇灌系统、栽植系统3个部分组成。存储罐内存放的营养液体是根据作物生长发育不同阶段所需营养元素及比例专门配制而成的，可以完全满足作物不同生长发育期对各种养分的需要。作物栽植后，控制系统会按设定的时间段，启动、关闭浇灌系统。浇灌系统启动后，在一定的时间段内营养液体在循环装置的控制下不间断地从PVC管的前端流向末端，再流回到存储装置内。作物也在营养液体循环过程中吸收到了水分和养分。试验表明，用循环式水肥一体化栽培技术模式栽培草莓，每亩用水仅为40.9m^3，用肥45.5kg；与滴灌式水肥一体化栽培技术模式相比，每亩节水近90m^3，节省化肥14.5kg。该技术模式因其技术含量较高，再加上投资也较高，适合在观光园区应用。

2. 滴灌式技术模式 滴灌技术模式是一项很成熟的技术，但将其整合为水肥一体化技术，绝非是将肥料混入到水中那么简单，因为滴水头对水的净度要求较高，一旦达不到要求就会造成堵塞，致使出水不畅，甚至不能出水。因此，滴灌式水肥一体化技术模式的肥料必须是专用型全溶性肥料，否则，即使对肥料溶解液进行多次过滤，也很难达到要求，溶解在水中的营养成分还会在出水控制元件附近凝结，对出水流畅性产生影响，从而对元件造成损坏。

3. 基质式技术模式 该模式的灌溉施肥方式与循环式水肥一体化栽培技术模式基本相同，草莓和蔬菜等作物本身所消耗的水分和养分也基本相当，不同的是，草莓和蔬菜等作物吸收后剩余的水和养分不是循环利用，而是通过回收装置回收后，再通过输送装置输送到位于温室边角部位，供种植在那里的作物继续利用。该模式适合于在经济效益较高的作物，如草莓等生产上应用。

4. 重力式技术模式 这种模式也被称为微型式水肥一体化栽培技术模式，是以安装在距地面1.5～2m高处水罐内的肥料溶液自身重力为动力的水肥一体化栽培技术模式，只在温室一端安装一个水罐支架，在支架上安装一个容积约2m^3的水罐，以后再根据农户对灌溉方式的需求情况（如滴灌、微喷、膜下沟灌、膜上沟灌等节水技术）安装相应的设备。该模式对水源、水压要求较为宽泛，也不需要通过变频调速满足管路系统对水压和水量的要求，因此，更适合不便于安装常规滴灌设施的规模较小、特别是一家一户生产的需要。

5. 喷施式技术模式 该模式又被称叶面施肥技术、根外追肥技术，即将作物所需养分喷施到农作物叶片表面，通过叶片气孔予以吸收，补充植物所需的营养元素，起到调节植物生长、补充所缺元素、防早衰和增加产量的作用。叶面施肥可以实现直接迅速地为作物供给养分，避免养分被土壤吸附固定，提高肥料利用率，是补充和调节作物营养的有效措施。但是叶面施肥只能提供少量养分，无法完全满足作物的需求，是无法代替根部施肥的，只是一种辅助施肥技术措施。

三、水肥一体化技术要点

（一）灌溉量

在农田直接可操作方法就是让作物根系 20～40cm 土壤保持湿度状态就可以。简单来说，可用小铲挖开根层的土壤，如果是沙壤土或壤土，用手抓取根际土壤并揉捏，能捏成团且轻抛不散开表明水分适宜；捏不成团或散开则说明土壤干燥，还需灌溉；如果是重壤土或黏土，抓取土壤并用手掌搓，能搓成团条表明水分适宜，搓不成条并散开表明干旱，粘手表明水分过多。

（二）施肥量、施肥时期

水肥一体化主要遵循“少量多次”和养分平衡原则，否则发挥不了节肥增产的效果。

1. 施肥量　在土壤肥力条件正常情况下（对沙土不适宜），当采用水肥一体化技术后，肥料利用率通常提高 40%～50%。因此，水肥一体化技术施肥总量等于常规施肥量乘以 40%或 50%。

2. 施肥时期　根据作物的营养特性来施肥，作物养分需求量大时分配多（如旺盛生长期、果实快速膨大期等），吸收量较少时则分配少（如苗期、果实收获前期等）。

如果对作物的营养规律不了解，根据“少量多次”的原则，即采用水肥一体化技术施肥次数比常规施肥多 3 倍以上的次数。特别是沙土，更强调“少量多次”。

第二节　喷灌模式

喷灌技术起源较早，但广泛应用是在 20 世纪的 50 年代后，这主要得益于喷头、铝管和泵的发展。根据喷灌系统的工作方式和组成设备的不同，可将喷灌技术简单划分为管道式喷灌和机组式喷灌两种，管道式喷灌又包括固定式、半固定式、移动式及地埋式，机组式喷灌又包括绞盘式、平移式、滚移式和时针式。不管哪一种方式，喷灌系统一般均有4个基本部分，分别为水源与水源工程、首部、输配水管网（或管道、机组）及田间灌水系统。其中，固定式管道系统适用于各种地形矮株密植作物，而半固定式则更适应于平坦地块，但固定式管道系统的成本相对较高。

一、喷灌设备简介

（一）喷灌系统的组成和分类

喷灌系统的形式很多，各具特色，分类的方法也不同。按系统构成的特点分类，又可分为管道式喷灌系统和机组式喷灌系统；按喷灌系统的压力方式分类，有机压喷灌系统和自压喷灌系统；按系统中主要组成部分是否固定不动来分，可将喷灌系统分为移动式、固定式和半固定式三类。

1. 管道式喷灌系统和机组式喷灌系统

（1）管道式喷灌系统。管道式喷灌系统以管道为主要材料，通过工程措施形成完整的灌溉系统。为适应不同要求，管道式喷灌系统常分为固定管道式、半固定管道式和移动管道式喷灌系统。

①固定管道式喷灌系统。水泵及动力构成的泵站，常年固定不变，干管、支管多埋在地下，喷头装在固定支管的竖管上。有水源通过水泵、各级管道直到喷头，整个喷灌季节甚至长期固定不变。固定式喷灌系统使用时操作方便，易于管理和养护，生产效率高，运行成本低，工程占地少，有利于自动、综合利用。但由于喷灌设备固定在一个地块上，设备利用率低，工程投资较高。同时，固定在田间的竖管，对机械耕作有一定的妨碍。图2-1为茶园固定管道式喷灌系统。

②半固定管道式喷灌系统。半固定式喷灌系统（图2-2）的主要

图 2-1 茶园固定管道式喷灌系统

设备，如动力、水泵及干管，都是固定的，在干管上装有许多给水栓，支管和喷头是移动的，在一个位置接上给水栓进行喷灌，喷灌完毕即可移动到下一个位置。由于支管可以移动，提高了设备利用率，从而减少了设备数量，降低了系统投资。为便于移动支管，管材多为轻型管材，并且配有各类快速接头和轻便的连接件、给水栓。

图 2-2 半固定管道式喷灌系统

③移动管道式喷灌系统（图 2-3）。若田间有固定的水源，用于喷灌的水泵、动力、管道及喷头都是移动的。这样在一个灌溉季节里，一套设备可以在不同地块上轮流使用，提高设备利用率，降

低造价。然而，移动管道系统的劳动强度大，田间渠道占地多，管理比较困难。

图 2-3　移动管道式喷灌系统

（2）机组式喷灌系统。机组式喷灌系统以喷灌机为主要设备构成。喷灌机的制造在工厂完成，具有集成度高、配套完整、机动性好、设备利用率和生产效率高等优点。

我国一般将喷灌机按运行方式分为定喷式和行喷式两类，同时按配用动力的大小又分为大、中、小、轻等多种规格品种。图 2-4 为小型喷灌机。

图 2-4　小型喷灌机

2. 机压喷灌系统和自压喷灌系统

（1）机压喷灌系统。机压喷灌系统是以机械加压的喷灌系统，一般使用各类水泵加压，动力机可采用电动机、柴油机、汽油机，也可利用拖拉机的动力输出轴提供动力。

（2）自压喷灌系统。自压喷灌系统多建在山丘地区。当水源位置高于田面，且有足够落差时，用管道将水引至喷灌区，实现喷灌。自压喷灌无需耗能，大大减少了系统运行费用。

使用水泵将低处的水扬至高处的蓄水池中，然后按自压喷灌的方式进行喷灌，也是山丘地区常见的一种形式。其原因一般是因为供电没有保证，利用用电低峰时将水扬至蓄水池，灌溉时即可不再依赖供电状况。

（二）喷灌设备

1. 喷头　喷头是喷灌机与喷灌系统的重要组成部分，作用是将有压水流喷射到空中，散成细小的水滴，并均匀喷洒在灌溉土地上。喷头的性能、质量和结构，以及使用是否得当将直接影响喷灌的质量。

喷头按其工作压力和射程的大小可以分为低压喷头（或称近射程喷头）、中压喷头（或称中射程喷头）和高压喷头（或称高射程喷头）；按照结构形式与水流性状可以分为固定式、旋转式和孔管式3种。固定式喷头包括折射式喷头、离心式喷头和槽缝式喷头（图2-5），特点是喷灌过程中所有部件相对竖管是固定不动的，而

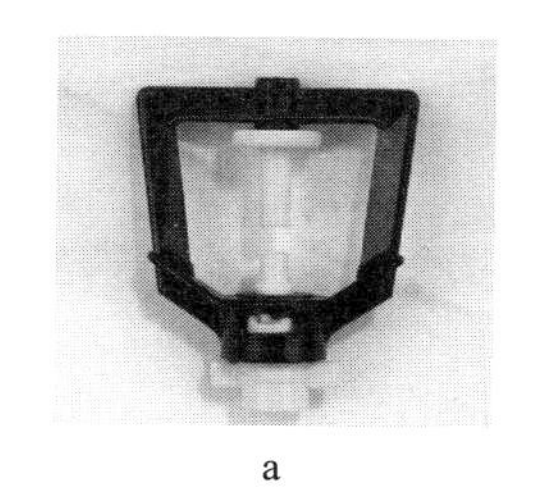
a

b

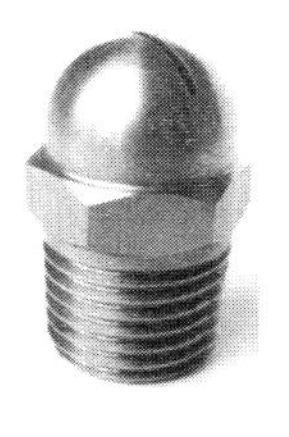
c

图2-5　固定式喷头

a. 折射式喷头　b. 离心式喷头　c. 槽缝式喷头

水流呈全圆周或扇形，同时向四周散开。旋转式喷头是绕其铅垂线旋转的喷头，通常为中射程或高射程喷头，常用的有摇臂式、叶轮式和反作用式喷头（图 2－6）。

a

b

图 2－6　移动式喷头

a. 摇臂式喷头　b. 反作用式喷头

2. 喷灌管道与管件　喷灌管道是喷灌系统的重要组成部分，是用来向喷头输送具有一定压力的水流，所以喷灌管道必须具备一定的承压能力，从而保证在规定作业压力下不会发生开裂或爆管现象，避免造成人身伤害和财产损失。此外，管道与管件在灌溉工程中所需数量多，占成本比重大，因此还要求管材质优价廉、内壁光滑，保证足够的使用寿命，降低更换维修频率。

喷灌系统中的管道种类有很多，按材料可分为金属管道和非金属管道。金属管道主要有钢管、铸铁管、薄壁镀锌钢管和薄壁铝合金管；非金属管道可分为塑料管和脆硬性管，其中塑料管包含氯乙烯管、聚氯乙烯管（PVC 管）、涂塑软管和改性聚丙烯管。而脆硬性管包含钢筋混凝土管和石棉水泥管。

按照管道的移动方式还可分为固定式和移动式两类。固定式管道及管件包含钢管、钢筋混凝土管、铸铁管、PVC 管、聚乙烯管（PE 管）和聚丙烯管；移动式管道及管件包含薄壁铝合金管、镀锌薄壁管、胶管、涂塑软管。

水肥一体化系统中常用的管件有：活接头、管箍、90°弯头、异径弯头、等径三通、异径三通、大小头、等径四通、异径四通、补心、补外接头、活接头、丝堵。

①活接头，用于需要拆装处的两根公称直径相同的管子的连接。

②管箍，也叫管接头、束结，用于公称直径相同的两根管子的连接。

③大小头，也叫异径管，用于连接两根公称直径不同的管子。

④补心，也叫内外螺纹管接头，其作用与大小头相同。

⑤丝堵，也叫管塞、外方堵头，用于堵塞管路，常与管接头、弯头、三通等内螺纹管件配合用。

（三）其他附属设备

喷灌系统是在有压环境进行作业，正常运作的基本条件是工作压力和流量都在设计要求范围内，无异常情况发生。然而系统在运行过程中时常会出现压力和流量突然变化、水流中进入空气和杂物，以及水流方向突然改变的异常情况，影响系统正常、安全运行。同时，在系统运行过程中管理人员需要借助一些设备对系统进行监测和检修，因此还需在系统中安装控制、量测、安全保护和自动控制设备，以及流量与压力调节装置，如给水栓、阀门、安全阀、进（排）气阀、过滤器、压力表、流量表、自动阀和中央控制器等，用以保证灌溉系统的正常运行。

二、喷灌系统的优缺点

喷灌是喷洒灌溉的简称，是借助一套专门设备将具有压力的水喷到空中，散成水滴降落田间，从而为作物提供水分的一种先进的灌溉方法。与其他灌溉方式相比，喷灌具有以下优缺点。

1. 喷灌的优点

（1）省水。喷灌可以控制喷水量和灌水均匀性，避免直接地面灌溉时易产生的地面径流和深层渗漏损失，从而提高灌溉水利用率，节约水资源。

（2）增产。喷灌可以采用较小灌水定额对作物进行浅浇勤灌，便于严格控制土壤水分，使其与作物生长需水要求更适应；喷灌对耕作层土壤不产生机械性破坏，可保持土壤团粒结构，使土壤疏松、孔隙多、通气条件好，促进养分分解、微生物活跃，提高土壤肥力；喷灌可以调节田间小气候，增加近地表层温度，夏季可降温，冬季可防霜冻，还可淋洗茎叶上的尘土，促进呼吸和光合作用，从而为农作物创造良好的生活环境，促进作物生长发育，达到增产的目的。

（3）省工。喷灌可以实现高度的机械化，大大提高生产效率，尤其是采用自动化操纵的喷灌系统，更可节省大量的劳动力。因为采用喷灌而取消了田间的输水沟渠，减少了杂草生长，免除了整修沟渠和清除杂草的工作；喷灌还可结合施化肥和农药，节省大量的人工劳动。

（4）省地。喷灌管道输水，无需田间的灌水沟渠和畦埂，一般情况下，干、支、斗、农、毛渠占地10%～15%，相比较，喷灌可增加耕地7%～10%。

（5）提高产品质量。我国许多地方的实践都证明，喷灌不仅能增产，还能提高产品质量。如茶叶喷灌，不仅产量得到提高，品质也能提高一等。果树喷灌可以大幅度提高一、二级果比例。

2. 喷灌的缺点和局限性 喷灌也有一定缺点和局限性，主要体现在以下几方面。

（1）投资成本较高。与地面灌溉相比，喷灌投资成本较高，目前半固定式喷灌如不计输变电和人工杂费，一般每亩300～500元，全包括500～800元。固定式喷灌就更高，有的高达1 000元/亩。

（2）喷灌受风和空气湿度影响大。当风速在5.5～7.9m/s，即四级风以上时，能吹散水滴，使灌溉均匀性大大降低，飘移损失随之增大。空气湿度过低时，蒸发损失加大。美国德克萨斯州西南大平原研究中心的实验结果表明，当风速小于4.5m/s（三级风）时，蒸发飘移损失小于10%；当风速增至9m/s时，损失达30%。我国通过在宁夏、陕西、云南、河南、湖北、北京、福建、新疆等8

个省份的统一实测，在相对湿度为 30%～62%、风速 0.24～6.39m/s 的情况下，喷洒水损失为 7%～28%。

（3）耗能较大。为了使喷头运转，并达到灌水均匀，就必须给水施加一定压力，除自压喷灌系统外，喷灌系统都需要加压，消耗一定的能源。

第三节　滴灌模式

科学技术及节水理念的不断更新，促进了我国农田水利工程使用技术的不断进步，面对现阶段社会发展对水资源利用的状况。为了提高农田建设中水利工程的利用价值，合理引进节水灌溉技术，有助于改善水资源利用与农田生产等方面的经济效益。水肥一体化滴灌技术是将灌溉与施肥融为一体的农业新技术，借助压力系统或地形自然落差，将可溶性固体或液体肥料，按土壤养分含量和作物种类的需肥规律和特点，配成的肥液与灌溉水一起，通过可控管道系统供水、供肥，使水肥相融后，通过管道和滴头形成滴灌、均匀、定时、定量，浸润作物根系发育生长区域。

一、滴灌模式分类

滴灌模式很多种，按管道的固定程度，滴灌可分固定式、移动式、自压式、自动化、低压微水头和微喷带 6 种类型。根据控制系统运行的方式不同，可分为手动控制、半自动控制和全自动控制 3 类。

1. 固定式滴灌技术模式　该节水灌溉技术是我国新疆、内蒙古、甘肃、吉林、辽宁等地目前发展的主要滴灌技术方式，主要应用于棉花、玉米、小麦、加工番茄、马铃薯和生态、经济林等。该模式田间灌溉系统主要由首部、干管、支管和毛管 4 个部分组成。根据毛管和支管铺设的位置，分为地表式滴灌、膜下滴灌和地下滴灌 3 种。地表式滴灌是将毛管、支管铺设在地的表面，膜下滴灌是将毛管、支管铺设在塑料覆盖膜下，地下滴灌是将毛管、支管铺设在离地面 30cm 的耕层以下。因该模式的首部及田间管网按设计固定在一定的位置，故称固定式滴灌技术模式。其各级管道和滴头的位置在灌溉季节是固定的。

特点：操作简便、省工、省时，灌水效果好。根据毛管滴头位置可分为地面固定式和地下固定式。

2. 移动式滴灌技术模式 该节水灌溉模式田间灌溉系统主要由移动式首部、支管和毛管三部分组成。首部设有自吸式组合型过滤站和工程过滤装置，由小型拖拉机牵引和传动（或用小型柴油机传动），首部可以移动（一台首部可供多块地共用），田间管网相对固定不动。

特点：没有地埋管，一次性投资少，约为固定式滴灌的 50%；运行成本低，比固定式滴灌低 30%左右；田间配置和使用方便，适宜分散的小地块、电网不配套的地区推广应用。

3. 自压式滴灌技术模式 该技术模式有关田间设施及灌溉技术与固定式滴灌技术模式相同，区别在于灌溉时不需动力加压，依托地形自然坡降形成的自然高差，满足滴灌系统所需的压力。

特点：自压滴灌无需能耗，运行费用比固定滴灌低 20%左右，有高位水源或有承压水可利用的地区，或者地面自然坡降≥15‰的地区适合发展。

4. 自动化滴灌技术模式 自动化滴灌系统由计算机控制中心、自动气象站、自动定量施肥器、自动反冲洗过滤装置、自动模拟大田土壤蒸发仪、自动监测土壤水分张力计和田间设置远程终端控制器（CRTU）、液力阀或电磁阀等组成。通过自动监测土壤水分状况，结合气候、土质等条件，对作物进行适时适量的自动灌溉和施肥。

特点：自动化程度高、省工省力，比人工控制节水 5%～10%，一次性投资比固定式模式增加约 130 元/亩，是滴灌技术未来发展的方向。

5. 低压微水头灌溉技术模式 严格地讲，该节水灌溉技术不属于滴灌的范畴。田间灌溉系统主要由支管和毛管两部分组成。其技术原理是利用灌溉渠道与田块的水位差和地面的自然坡降实现的自流灌溉。要求地面坡度在1%～5%，水头压力30～40cm。该技术模式在新疆兵团（全称新疆生产建设兵团），起始于1998年，是当时地面节水灌溉的一种补充形式。

特点：投资少，一次性田间灌溉设施投入约120元/亩，年运行成本约70元；滴头出水孔大，抗堵塞性好；灌溉及节水效果比不上滴灌。该模式宜在电源不足、电网不配套、同一地块内种多种作物、投资能力有限等条件下应用。

6. 微喷带灌溉技术模式　该节水灌溉技术属微灌范畴。该模式在我国华南、华北季节性缺水的补充灌溉区广泛应用，一般较多用于林果和绿化。近年河北省将该技术应用于小麦灌溉，获得了较好的效果。该技术田间灌溉系统主要由干管、支管和微喷带组成。一次性投入与固定式滴灌相近，年运行成本略低于滴灌。

特点：与滴灌相比，年运行成本低（50～70元/季），等水量灌溉速度快，抗堵塞性好，但灌溉及节水效果次于滴灌。该技术适于密植作物和牧草灌溉。根据控制系统运行的方式不同，可分为手动控制、半自动控制和全自动控制3类。

二、滴灌系统的组成和分类

滴灌是利用管道将水通过灌水器送到作物根部进行局部灌溉的技术，同时还可以利用灌溉水施用化肥、杀虫剂、土壤改良剂等农业化学制剂。

1. 滴灌系统的组成　滴灌系统一般是由4个部分组成，分别是水源工程、首部枢纽、输配水管网和灌水器。

滴灌系统的水源来源广泛，江河、湖泊、坑塘、沟渠等都可作为滴灌水源，但水质必须符合滴灌水质的要求。滴灌系统对水质的要求不是很高，但必须满足：一，水中的杂质不能太多，否则容易引起堵塞情况；二，铁锰的含量也不能太高，否则也很容易引起堵塞。因此，专家总结多年理论和实践经验后，对滴灌水质标准的具体建议为：一，水源清洁，用水必须经过严格的过滤和净化处理；

二，滴灌水质的 pH 一般应在 5.5～8，含铁不应大于 0.4mg/kg，总硫化物含量不应大于 0.2mg/kg。

首部枢纽是整个滴灌系统操作的控制中心，主要是由施肥罐、过滤器、控制阀、压力表等组成，这当中施肥装置是向灌溉系统注入可溶性肥料的装置。过滤器的作用更为重要，是将含有杂质的灌溉水进行必要的过滤来达到灌溉水的要求。这样水源在首部枢纽中经过施肥、过滤、调压等处理，达到灌溉要求。

输配水管网的作用是将首部枢纽处理过的水按要求输送、分配到每个灌水源和灌水器。输配水管网包括干管、支管、毛管等三级管道，还包括相应的三通、直通、弯头等部件。

灌水器是滴灌系统的核心部件，水流在这里通过减压变为水滴，直接施入土壤，并在土壤中向四周扩散。灌水器主要有滴灌管和滴灌带两大类，目前使用较为普遍的是滴灌带。如图 2-7 为滴灌技术展示图。

图 2-7　滴灌技术展示图

2. 滴灌系统的分类　滴灌系统按工程大小分为大系统滴灌工程和小系统滴灌工程，以下分别简单阐述。

大系统滴灌工程一般应用于 200 亩以上的大田（如果园）。在大系统滴灌工程中，干管和支管一般都埋在地下，毛管和滴头都布置在地面上。

小系统滴灌工程一般应用在大棚中，如对蔬菜、花卉等经济作物的灌溉。小系统滴灌工程一般是二级式，只有干管和支管两级管道，滴灌带直接安装在支管上，并都直接铺设在地面上，方便后期的维修和管理。

三、滴灌设备

1. 滴头　滴头的作用是将到达滴头前毛管中的压力水流消能后，以稳定的小流量滴入土壤。按压力来分，滴头可分为压力补偿式和非压力补偿式两种，其中压力补偿式滴头主要用于长距离或存在高差的地方铺设，非压力补偿式适用于短距离铺设。

2. 滴灌管道与管件　滴灌系统的主要设备除了滴头外，还包括滴灌带、滴灌管、滴箭和喷水带等。

①滴灌带。国内外滴灌系统中大量使用且性能较好的滴灌带有边缝式滴灌带、中缝式滴灌带、内镶贴片式滴灌带和内镶连续贴条式滴灌带，在铺设时要求出水口一定要朝上。

②滴灌管。指滴头与毛管结合的整体，是兼具配水和滴水功能的管道。滴灌管分为内镶片式和内镶柱状式，有压力补偿式和非压力补偿式之分，在设施内和露天均可使用。

③滴箭。由 $\phi 4$ 的 PE 管和滴箭头及专用接头连接后插入毛管而成，主要用于无土栽培和盆栽花卉等。

④喷水带。是采用特殊激光打孔方式生产的多孔微喷灌带，具有喷水柔和、均匀、适量，成本低、铺设和保存简单方便等优点。

3. 其他附属设备　滴灌系统对水质的要求较高，否则灌水器很容易被水源中的杂质堵塞，因此，对灌溉水源进行严格的过滤处理是滴灌系统中必不可少的首要步骤。常用的过滤器有沙石过滤器、叠片过滤器和筛网式过滤器。沙石过滤器利用沙石作为过滤介质，主要清除水中的悬浮物（如藻类），需定期更换沙石，一般在地表水源中作为一级过滤器使用；叠片过滤器将带沟槽的塑料圆片作为过滤介质，主要清除水中各种杂质，需定期清洗过滤器，一般配合旋转式水沙分离器和沙石过滤器作为二级过滤器使用；筛网式过滤器的过滤介质是尼龙筛网或不锈钢筛网，主要清除水中各种杂质，需定期清洗过滤器的筛网，一般配合旋转式水沙分离器和沙石过滤器作为二级过滤器使用。

除过滤系统外，与喷灌系统相似，滴灌系统也需要安装控制、量测、安全保护和自动控制设备，以及流量与压力调节装置，如给水栓、阀门、安全阀、进（排）气阀、流量表、自动阀和中央控制器等，从而保证灌溉系统的正常运行。

四、滴灌系统的优缺点

（一）优点

水肥一体化滴灌技术是目前干旱缺水地区最有效的一种灌溉方式，其水的利用率可达95%。与传统模式相比，水肥一体化实现了水肥管理的革命性转变，即渠道输水向管道输水转变、浇地向浇庄稼转变、土壤施肥向作物施肥转变、水肥分开向水肥一体转变。因此，有专家指出，水肥一体化技术是发展高产、优质、高效、生态、安全现代农业的重大技术，更是建设“资源节约型、环境友好型”现代农业的“一号技术”。滴灌是将具有一定压力的水过滤后经管网和出水管道（滴灌带）或滴头以水滴的形式缓慢而均匀地滴入植物根部附近土壤的一种灌水方法。滴灌与其他灌水技术相比较具有许多不同的特点，其系统组成和其他灌水方法也不同。

1. 节水、节肥、省工　滴灌属全管道输水和局部微量灌溉，使水分的渗漏和损失降低到最低限度。同时，又由于能做到适时地供应作物根区所需水分，不存在外围水的损失问题，又使水的利用效率大大提高。灌溉可方便地结合施肥，即把化肥溶解后灌注入灌溉系统，由于化肥同灌溉水结合在一起，肥料养分直接均匀地施到作物根系层，真正实现了水肥同步，大大提高了肥料的有效利用率，同时又因是小范围局部控制，微量灌溉，水肥渗漏较少，故可节省化肥施用量，减轻污染。运用灌溉施肥技术为作物及时补充价格昂贵的微量元素提供了方便，并可避免浪费，滴灌系统仅通过阀门人工或自动控制，又结合了施肥，故又可明显节省劳力投入，降低了生产成本。灌溉水的利用率高，在滴灌条件下，灌溉水湿润部分土壤表面，可有效减少土壤水分的无效蒸发。同时，由于滴灌仅湿润作物根部附近土壤，其他区域土壤水分含量较低，由此还可防止杂草生长。此外，滴灌系统不产生地面径流，且易掌握精确的施水深度，非常省水。

2. 环境湿度低　滴灌灌水后，土壤根系通透条件良好，在水中注入适当的可溶性肥料即可提供足够的水分和养分，这就使土壤水分处于能满足作物要求的稳定和较低吸力状态，灌水区域地面蒸发量也小，从而有效控制种植区内的湿度，使作物病虫害的发生频率大大降低，也降低了农药的施用量。

3. 提高作物产品品质　滴灌能够及时适量供水、供肥，这就可以在提高农作物产量的同时，提升和改善农产品品质，使种植区农产品的商品率大大提高，从而拉动经济效益。

4. 改善品质、增产增效　由于应用滴灌减少了水肥、农药的施用量及病虫害的发生，可明显改善产品的品质。

总之，较之传统灌溉方式，温室或大棚等设施园艺采用滴灌后，可大大提高产品产量，提早上市时间，并减少了水肥、农药的施用量和劳力等的成本投入，因此经济效益和社会效益显著。设施园艺滴灌技术适应了高产、高效、优质的现代农业的要求，这也是其能得以存在和大力推广使用的根本原因。

（二）缺点

1. 易引起堵塞　灌水器的堵塞是当前滴灌应用中最主要的问题，严重时会使整个系统无法正常工作，甚至报废。引起堵塞的原因可以是物理因素、生物因素或化学因素。如水中的泥沙、有机物质或是微生物及化学沉凝物等。因此，滴灌时水质要求较严，一般均应经过过滤，必要时还需经过沉淀和化学处理。

2. 可能引起盐分积累　当在含盐量高的土壤上进行滴灌或是利用咸水滴灌时，盐分会积累在湿润区的边缘，若遇到小雨，这些盐分可能会被冲到作物根区而引起盐害，这时应继续进行滴灌。在没有充分冲洗条件下的地方或是秋季无充足降水的地方，则不要在高含盐量的土壤上进行滴灌或利用咸水滴灌。

3. 可能限制根系的发展 由于滴灌只湿润部分土壤，加之作物的根系有向水性，这样就会引起作物根系集中向湿润区生长。另外，在没有灌溉就没有农业的地区，如我国西北干旱地区，应正确地布置灌水器。

第三章　水肥一体化系统关键设备及选用

我国农业用水量占总用水量的80%左右，由于农业灌溉效率普遍低下，水的利用率仅为45%，而水资源利用率高的国家已达70%～80%。特别是我国北方各省水资源缺乏，然而多年来使用传统方式为植株浇水不仅效率低、成本高而且浪费十分严重，因而，解决农业灌溉用水的问题，对于缓解水资源的紧缺是非常重要的。在这种背景下，智能浇灌控制系统应运而生了。智能水肥一体化浇灌控制系统不仅可以提高水资源利用率，缓解水资源日趋紧张的矛盾，还可以提高灌溉管理水平，改变人为操作的随意性，同时能够减少灌溉用工，降低管理成本，显著提高效益。因此，推广实施智能浇灌，改变目前普遍存在的粗放灌水方式，提高灌溉水利用率是有效解决灌溉节水问题的必要措施之一。

智能水肥一体化浇灌控制系统涉及农业物联网传感器技术、自动控制技术、计算机技术、无线通信技术等多种高新技术，这些新技术的应用使我国的农业由传统的劳动密集型向技术密集型转变奠定了重要基础。由传统的充分灌溉向非充分灌溉发展，该水肥一体化系统主要面向农田、园林、温室农业等领域的日常灌溉控制和管理而设计，并通过现代化的科学技术手段，达到降低人力成本，提高自动化生产效率，节约水资源的目的。该水肥一体化系统具有实用性和良好的展示性，水肥一体化系统硬件具备良好的稳定性，以及防水、防潮、抗高温的能力。

第一节　水肥一体化系统的施肥设备

一、压差施肥法

1. 基本原理　是根据压差的原理进行施肥的。首先将稀释过的无机肥料装入罐内，调节施肥专用阀，使之形成一定的压力差，开启施肥专用阀的两个调节阀，将罐内的肥料压入灌溉系统中进行施肥（图 3－1）。

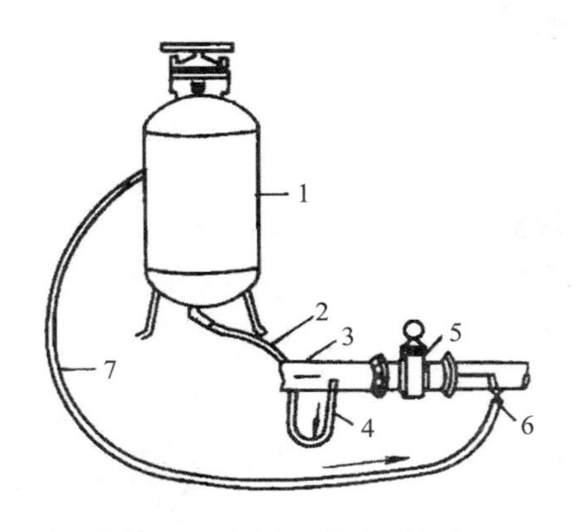

图 3－1　压差式施肥罐结构

1. 储液罐　2. 进水管　3. 输水管　4. 阀门
5. 调压阀门　6. 供肥管阀门　7. 供肥管

2. 优缺点及适用范围

（1）优点。结构简单，操作简便、施肥均匀，生产制造门槛低，容易生产；售价便宜，农户易于接受；操作简单方便，无太多技术要求；坚固耐用，使用寿命长；供肥面积较大，大规格的一次可以为上百亩地供肥。

（2）缺点。无法监控施肥过程中施肥罐肥料存量，容易出现投料过多或过少的情况，一次性投料过多，会导致肥料溶解不均匀；肥料浓度波动大，无法控制施肥浓度，误差在 15%以上；无法做到整个区域均匀施肥，可能造成作物田间生长不一致，不利于农事操作管理；施肥量控制全凭操作者个人经验，重复性差，不利于生产管理经验积累和完善提升。

（3）适用范围。主要用于蔬菜大棚、田间、果园的施肥灌溉。

3. 安装及运行

（1）安装。压差施肥罐安装在灌溉系统的首部，过滤器和水泵之间。安装时，沿主管水流方向，连接两个异径三通，并在三通的小口径端装上球阀，将上水端与差压施肥罐的一条细管相连（此管必须延伸至施肥罐底部，便于溶解和稀释肥料），主管下水口端与压差施肥罐的另一细管相连。

（2）运行方式。

①以灌溉区域的面积及需灌溉的作物株数，计算当次灌溉相应的肥料用量。

②用两根各配有一个阀门的管子将旁通管与主管接通，为便于移动，每根管子上可配用快速接头。

③固体肥料需要先溶解，并利用过滤网过滤掉未溶解的肥料颗粒，液体肥可直接倒入施肥罐中。若使用容积较小的施肥罐时，固体肥料可以直接倒入施肥罐中，施肥完成后需要清洗施肥罐。固体肥和液体肥需要加注肥料总量5倍以上的水才能稀释。

④注完肥料溶液后，扣紧罐盖。经检查确定旁通管的进出口阀均关闭而截止阀打开，然后打开主管道截止阀。

⑤打开旁通管进出口阀，然后慢慢地关闭截止阀，同时注意观察压力表所显示的水压达到所需的压差（1～3m水压）。

⑥对于有条件的用户，可以用专用的土壤养分传感器测定灌溉区域土壤养分含量，并同时利用土壤电导率仪测定施肥所需时间。AmosTeitch的经验公式可以为用户预测施肥时间。施肥完后关闭施肥罐的进出口阀门。

⑦再施下一罐肥时，事先必须排掉罐内的积水。在施肥罐进水口处应安装一个1/2′的真空排除阀或1/2′的球阀。打开罐底的排水开关前，应先打开真空排除阀或球阀，否则水排不出去。

二、文丘里施肥器

（一）基本原理

文丘里施肥器（图 3－2）是根据文丘里管的原理，通过缩小喉管直径，改进喉部前后两端的收缩段和放大段结构形状，把水流由粗变细，以加快水流速度，当压力水流通过喉管时，流速急剧变大，使水在文丘里施肥器出口的后侧形成一个低压区，喉部局部产生负压，利用外界大气压与喉部负压之间的压差，压能转化为动能，将肥液吸入灌溉系统。因此文丘里施肥器喉部产生足够的负压是实现吸肥的必要条件，将这个低压区连接至肥料溶液中，肥料受到气压的作用，进入文丘里施肥器中，与水混合从而达到均匀施肥的效果。

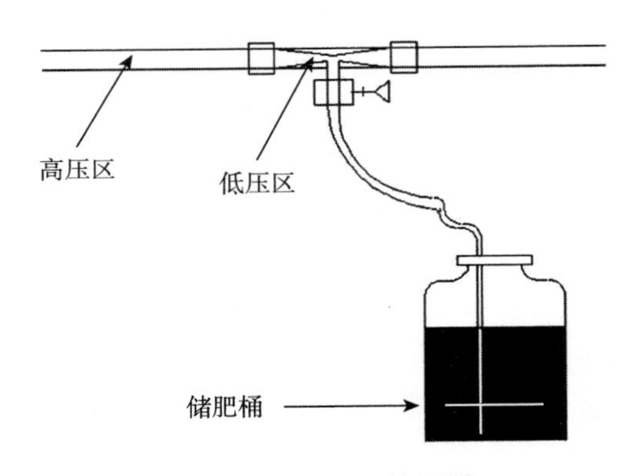

图 3－2　文丘里施肥器

（二）主要类型

（1）简单型。这种类型结构简单，只有射流收缩段，因水头损失过大，一般不宜采用。

（2）改进型。为防止灌溉管网内的压力变化可能会干扰施肥过程的正常运行或引起事故发生，在单段射流管的基础上增设单向阀和真空破坏阀。当文丘里施肥器的吸入室为负压时，单向阀的阀芯在吸力作用下打开，开始吸肥。当吸入室为正压力时，单向阀阀芯在水压作用下关闭，防止水从吸入口流出。

（三）优缺点及适用范围

（1）优点。结构简单，容易生产制造，造价低廉，施肥浓度差异不大且稳定，可节约化肥40%以上，减少土壤板结，损伤地膜最小，无须用电等特点。通常适用的是单位灌溉面积1～5亩的大田，在温室大棚的前段连接文丘里施肥器，可以施用1～3个大棚，省工效果非常明显。

（2）缺点。文丘里施肥器不能精准控制施肥量，误差在10%以上，对水流速度要求高，施肥浓度容易产生较大波动。当进水口压小于0.15MPa时，性能就会受影响，出现不吸肥甚至倒流现象，当进出口压力差小于0.1MPa时，吸肥效果不佳。

（3）适用范围。种植场所小的区域适宜，如温室大棚种植或小规模果园、小户种植等。

（四）安装及运行

安装在旁通管上（并联安装），这样只需部分流量经过回射流段。这种旁通运行可以使用较小的文丘里施肥器，而且便于移动。

文丘里施肥器对运行时的压力波动很敏感，应安装压力表进行监控。一般在首部系统都会安装多个压力表。截止阀两端的压力表可以测定截止阀两端的压力差。一些更高级的施肥器本身即配有压力表用来监测运行压力。

使用文丘里施肥器时应缓慢开启施肥阀两侧的调节阀。每次施完肥后应将两个调节阀关闭，并将罐体冲洗干净，不得将肥料留在罐内，以免造成损失。在施肥装置后应加装一级网式过滤设备，以免将未完全溶解的肥料带入系统中，造成灌溉设备的堵塞。文丘里施肥器应在其前加装过滤器，以免造成文丘里施肥器的堵塞。施肥完毕后，应继续用清水冲洗管道，以免肥料在管道中形成沉积。图3-3和图3-4为文丘里施肥器的两种安装方式。

图 3-3　文丘里施肥器串联安装图

图 3-4　文丘里施肥器并联安装图

三、重力自压式施肥法

（一）基本原理

在热带丘陵山地果园，在应用重力滴灌或微喷灌的场合，可以采用重力自压式施肥法。通常引用高处的山泉水或将山脚水源泵至高处的蓄水池。通常在水池旁边高于水池液面处建立一个敞口式混肥池，大小在 0.5～2.0m^3，可以是方形或圆形，方便搅拌溶解肥料即可。池底安装肥液流出的管道，出口处安装 PVC 球阀，此管道与蓄水池出水管连接。池内用 20～30cm 长大管径管（如 75mm 或 90mm PVC 管），管入口用 100～120 目尼龙网包扎。施肥时先计算好每轮灌区需要的肥料总量，倒入混肥池，加水溶解，或溶解好直接倒入。打开主管道的阀门，开始灌溉。然后打开混肥池的管道，肥液即被主管道的水流稀释带入灌溉系统。通过调节球阀的开关位置，可以控制施肥速度。当蓄水池的液位变化不大时（南方许多情况下一边滴灌一般抽水至水池），施肥的速度可以相当稳定，保持 1 个恒定的养分浓度。施肥结束时，需继续灌溉一段时间来冲洗管道。通常混肥池用水泥建造坚固耐用，造价低。也可直接用塑料桶作混肥池用。有些用户直接将肥料倒入蓄水池，灌溉时将整池水放干净。由于蓄水池通常体积很大，要彻底放干水很不容易，会残留一些肥液在池中。加上池壁清洗困难，也有养分附着。当重新蓄水时，极易滋生藻类、青苔等低等植物，堵塞过滤设备。应用重力自压式灌溉施肥，一定要将混肥池和蓄水池分开，二者不可共用。

利用自重力施肥（图 3-5）由于水压很小（通常在 3m 以内），用常规的过滤方式（如叠片过滤器或筛网过滤器）由于过滤器的堵水作用，往往使灌溉施肥过程无法进行。作者在重力滴灌系统中用下面的方法解决过滤问题。在蓄水池内出水口处连接一段 1～1.5m 长的 PVC 管，管径为 90mm 或 110mm。在管上钻直径 30～40mm 的圆孔，圆孔数量越多越好，将 120 目的尼龙网缝制成管大小的形状，一端开口直接套在管上，开口端扎紧。用此方法大大增加了进水面积，虽然尼龙网也照样堵水，但由于进水面积增加，总的出流量也增加。混肥池内也用同样方法解决过滤问题。当尼龙网变脏时，更换一个新网或洗净后再用。经几年的生产应用，效果很好。由于尼龙网成本低廉，容易购买，用户容易接受和采用。图3-6为重力微滴灌施肥示意图。

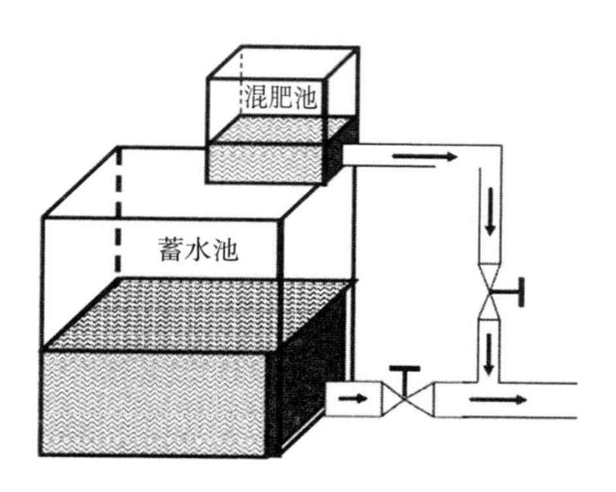

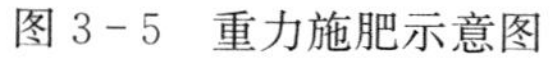
图 3-5　重力施肥示意图

图 3-6　重力微滴灌施肥示意图

（二）优缺点

（1）优点。低生产成本、低维护成本、操作简单、适合固体和液体肥料、不需要外加劳动力、施肥浓度稳定且均一。

（2）缺点。肥料要运到最高处，不适宜自动化工作。

四、泵吸肥法

（一）基本原理

泵吸肥法（图 3－7）基本原理是利用离心泵直接将肥料溶液吸入灌溉系统，适合于几十公顷以内面积的施肥。为防止肥料溶液倒流入水池而污染水源，可在吸水管上安装逆止阀。通常在吸肥管的入口包上 100～120 目滤网（不锈钢或尼龙），防止杂质进入管道，适合于几十公顷以内面积的施肥。

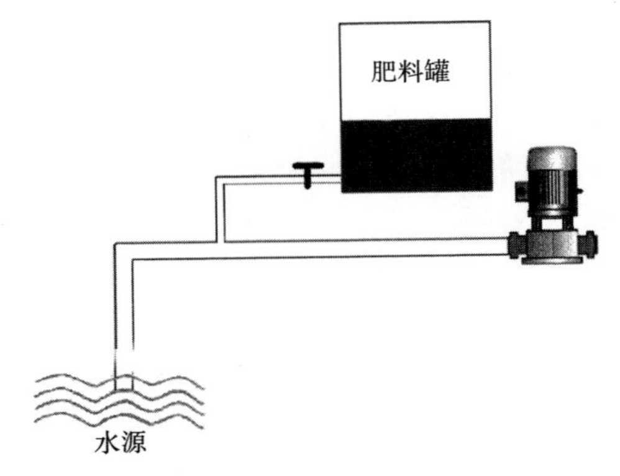

图 3－7　泵吸肥法示意图

（二）优缺点

（1）优点。不需外加动力，结构简单，操作方便，可用敞口容器盛肥料溶液。施肥时通过调节肥液管上阀门，可以控制施肥速度。

（2）缺点。施肥时要有人照看，当肥液快完时立即关闭吸肥管上的阀门，否则会吸入空气，影响泵的运行。

第二节　水肥一体化系统的过滤设备

在水肥一体化中，由于灌水器的流道很小、易堵塞，所以必须使用过滤设备对灌溉水进行过滤处理。

一、过滤器的种类

灌溉有两种首要的水源，即地下水和地表水。地下水也是井水，地表水如河流、湖泊、池塘、水沟等。由此可见，地表水源多样，来源不同，水质差异很大，因此选择合适的过滤器对灌溉系统非常重要，不仅影响施肥效率，也影响到整个水肥一体化设备的寿命。常见的过滤系统主要有沙石过滤系统、叠片过滤器、网式过滤器、离心沙过滤器、纯水系统等。

二、过滤器的选择

①要了解安装地区水源情况和水体中主要的杂质及悬浮物的特性。取水来源不一样，水体中悬浮物及杂质就会有很大的区别，杂质浓度也不一样，取水处的日照、风向都会影响到水体中悬浮物及杂质的含量及种类。因此要根据水体中有机物和泥沙含量不同，有针对性配置好过滤器。

②在明确水源质量后，根据种植作物所需要施肥的肥料类型，确定过滤系统。灌水器的类别、灌溉器的使用寿命、灌溉器的布管方式、布管长度、灌溉的压力变化范围、出水流量都影响到过滤器的选择。

③了解各种过滤器正常的运行必要条件。设计和应用一套过滤系统首先要了解各类过滤器的工作原理和运行条件，才能根据现场水源条件和灌水器要求来设计选用不同的过滤器来组建一个系统。

第三节　水肥一体化系统的其他关键设备

一、进排气阀

进排气阀能够自动排气和进气，水压升高到一定程度才能自动关闭，主要是对系统起到保护作用（图 3-8）。在水肥一体化系统中，进排气阀主要安装在管网中最高位置和局部高地。当管道开始输水时，管中的空气受水的排挤，向管道高处集中。当空气无法排出时，就会减少过水断面面积，形成高于工作压力数倍的压力冲击。因此，在这些制高点处应安装进排气阀，以便将管内空气及时排出。当停止供水时，由于管道中的水流向低处并逐渐排出，会在高处管内形成真空，进排气阀能及时补气，使空气随水流的排出而进入管道。常用的进排气阀有 2 寸[①]和 1 寸全自动连续动作进排气阀两种。进排气阀的选型按“四比”法进行选用，即进排气阀全开直径不小于管道内径的 1/4。

图 3-8　进排气阀

二、机泵

机泵是水肥一体化系统中的重要设备之一，常用水泵类型有离心泵、长轴深井泵、潜水泵、微型泵和真空泵等。在泵型选择上，当灌溉水源是河水或小于 10m 深的浅层地下水时，应首先考虑采用离心泵，如果水源水位变幅较大，则动力设备必须安装在远离危险水位线以上，以防止动力设备受淹损坏；当灌溉水深大于 10m 时，采用深井泵或潜水泵较合适。无论选择哪一种泵型，机泵必须

---

① 寸为非法定计量单位，1 寸≈3.33cm。——编者注

达到预定的流量和给定的扬程。系统设计流量等于同时工作滴头流量之和。系统设计扬程则为滴头工作压力、各级管道阻力损失、滴头安放位置与水源水面高差、过滤器等各设备阻力损失等项之总和。在选择机泵（图 3-9）和配套动力设备时，除计算固定费用外，还应考虑运行费用，低成本运行对于水肥一体化系统的管理使用极为重要，所以选择机泵时还应计算机泵的年运行费用。

图 3-9　机泵

第四章　芒果水肥一体化系统工程设计与施工

——以三亚福返芒果基地为例

第一节　芒果水肥一体化系统工程设计

一、设计思路

（1）结合基地提供的信息，整体规划设计，根据基地规划安排的管道走向和阀门位置等，在满足灌溉的同时，还要提高管理的方便性和灵活性。

（2）本次设计根据园区地形、芒果需水特点、灌溉方式和经济合理等要素综合考虑，将园区分区，从而提高基地管理的便捷性。

（3）以经济合理为中心，以分散供水为指导，在系统处于工作状态时，尽量使各级支干中均有水体流动，以减小各级管道管径，从而降低系统总造价。

（4）设计尽量减少管道过路，从而降低施工难度、减少成本。

（5）芒果园灌溉方式采用滴灌，每行芒果铺设一条环形滴灌管。

（6）轮灌区设总阀门分片区控制，每条滴灌支管上安装小阀门来控制一条滴头的开关，每座温室设手动小阀门，增加控制的灵活性。

（7）根据芒果需水量 3mm/d，以 5d 为一个轮灌周期进行灌溉。

二、设计依据

《节水灌溉工程技术规范》（GB/T 50363—2006）

《喷灌工程技术规范》（GB/T 50085—2007）

《微灌工程技术规范》（GB/T 50485—2009）

《农田低压管道输水灌溉工程技术规范》（GB/T 20203—2006）

《泵站设计规范》（GB 50265—2010）

《灌溉与排水工程设计规范》（GB 50288—1999）

《计算机软件配置管理计划规范》（GB/T 12505—1990）

《计算机软件需求说明编制指南》（GB/T 9385—1988）

《信息技术软件产品评价质量特性及其使用指南》（GB/T 16260—1996）

《软件文档管理指南》（GB/T 16680—1996）

《计算机软件测试文件编制规范》（GB/T 9386—1988）

《软件可靠性和安全性设计准则》（GJB/Z 102—1997）

《软件工程产品评价》（GB/T 18905—2002）

《水利信息系统初步设计报告编制规定（试行）》（SL/Z 332—2005）

《泵站计算机监控与信息系统技术导则》（SL 583—2012）

《土壤墒情监测规范》（SL 364—2006）

《节水灌溉技术标准选编》

三、芒果水肥特性

芒果是著名的热带水果之一，常绿乔木，果实成熟时呈黄色，核硬，富含蛋白质、糖、维生素A、胡萝卜素等营养成分，肉质细腻，气味香甜，是最受欢迎的水果之一。芒果在不同生长阶段对水肥的需求存在一定的差异，为了提高芒果产量及节约资源，结合芒果不同生育阶段的需肥情况对其进行合理的灌溉施肥非常必要。

氮、磷肥对幼树的生长十分重要。磷肥能促进根系生长，保持较高的呼吸速率，促进碳水化合物的运输。氮肥能促进钾的吸收，钾是光合作用和生理调节的基本元素，也是改善果实色泽、提高抗病性和果实品质的重要因素，因此，必须进行平衡施肥。除了大量的元素外，还应注意微量元素的供应，特别是在中国南方，土壤条件更为重要。由于土壤基质元素含量极低，各元素之间存在相互制约或拮抗的作用，例如，在钾缺乏较为普遍的红壤地区，当大量施用钾肥时，许多作物都会出现缺镁。因此，当某一元素出现缺乏症状时，必须及时补充，以纠正症状，达到营养生理平衡。芒果肥料施用量和各元素的比例因品种、树龄、物候、土壤和气候条件以及果实的数量而异。

芒果的施肥量和施肥期应根据芒果的生长阶段、生长趋势和肥料特性来确定。一般来说，应在花期、果实发育早期和芽发育早期充分补充各种营养物质。当植物营养生长过度时，应少施氮肥；当因高产或其他原因不能发芽时，应施用氮肥。幼树需要大量的氮肥和钾肥，这对果树维持氮肥和钾肥的相对平衡更为重要。幼树施肥可采用“一梢一肥”的方法，尽快形成较好的树冠。施肥量取决于各地区的土壤肥力和树木潜力，一般随树龄的增长而增加。结果树是建立在保持生长和发展平衡的基础上的。收获后主要以恢复生长和促进芽的生长为主，应施用速效肥料。开花后以有机肥或复合肥为主，尽量少施纯氮肥。北缘地区可在7—8月和11—12月施用基肥。开花后幼果较大时，施完剩余的氮肥和钾肥。如果生长过度，可以少施或不施氮肥。结果表明，果实过多、树势差的果树应施氮、磷、钾复合肥或人畜粪水1～2倍液，未挂果的果树暂时不施肥。合理的施肥方法是提高肥效、减少浪费的重要手段。施肥的目的是使植物充分吸收养分，因此施肥时，一要靠近根系，二要保证一定的供水。

叶面积指数与作物光合作用及蒸腾作用密切相关，直接影响芒果的光合生产力以及植株体内水分扩散能力。通过增加灌溉水量和氮磷钾平衡施肥均能提高芒果叶面积指数和消光系数，从而增强芒果光合作用提升干物质累积量，而重度缺水则明显抑制芒果叶片表面积扩张，使叶面积指数减少。大量研究发现随着芒果植株缺水程度的加剧，芒果叶面积指数和消光系数逐渐减少，而透光率呈相反趋势，明显影响了芒果植株的生长发育。因此，在芒果全生育期的定量施肥中，充分灌溉与合理施肥可提高芒果叶面积指数和芒果树冠层截获光能的能力，为光合产物的积累和转移提供保障。

大量研究发现芒果一天中外部环境如光照、空气温湿度的不同会极大影响芒果生长发育，通过分析芒果生长发育期的数据发现，开展水肥灌溉的最佳时间为上午 11：00 左右，这个时间内不仅外部的生长环境（光照、温湿度）适宜，芒果叶片的净光合速率、气孔导度、胞间 CO_2 浓度和叶片水分利用效率高，且叶肉细胞中糖和淀粉的储量相对较少，光合产物运输畅通，光合同化效率较高。研究发现，芒果植株下午 3：00 左右，叶片受到强辐射、强光及高温胁迫后产生光抑制现象，会导致叶片水分平衡失调，气孔导度下降，光合酶活性受限，叶肉细胞气体吸收扩散受阻，光合作用下降。特别是因光照、土壤温湿度等外部条件影响，会诱导植物根部产生激素脱落酸（ABA），并在水分传输作用下通过木质部将此信号传送至树冠从而引发叶片气孔关闭，导致光合速率和蒸腾速率降低，在实际芒果水肥灌溉中应关注灌溉当天的气象情况。芒果植株在上午 11：00 左右且轻度亏水的状态下，植株的光合作用率、气孔导度、养分转化率最佳；若植株重度亏水且灌溉时间在下午 3：00 左右，应施用含氮和钾的肥料，可以增加叶片叶绿素和光合关键酶含量，改善植株叶片光合特性，提高光合产物分配到生殖器官的比例和同化效率。

合理灌溉能促进芒果生长发育从而实现高产。研究发现，若在芒果植株出现重度亏水状态时才进行灌溉，将明显影响植株单株果实数量、果实大小和产量；而在芒果植株出现轻度亏水状态时就及时灌溉，能有效提高水分利用效率。本研究也发现，减量多次施肥能提高作物根区土壤养分的活性，促进作物对养分的吸收和积累，并且能降低因施肥不当对农业环境造成的负面效应。

通过合理确定作物养分供应量及不同生育期的供应比例，能够协调营养器官和收获器官的生长及干物质的分配，促进光合产物向生殖器官转移，最终实现高产。施用基肥是作物营养生长所需养分的重要来源，而生育期中后期施肥则是实现作物高产的重要保障。研究发现在芒果全生育期定量施肥条件下，增加花芽分化期和果实膨大期肥料占比，充分灌溉时能提高产量和肥料利用效率，而轻度亏水灌溉时能够提高灌溉水分利用效率，表明合理地分配不同生育期施肥量是实现水肥关系协调的重要措施，而且减量多次追肥能更好地促进作物对水分和养分的吸收，提高作物产量和水肥利用。

四、灌溉方式

芒果生长过程中，土施肥料时可适当灌溉，以利于促进果树快速充分吸收肥料养分，减少肥料流失或使肥料残留造成土壤板结等不良现象。植物时时刻刻进行着呼吸，水分严重缺失会影响其正常的生殖生长。也就是说，芒果的生长过程中，若遇到干旱情况，苗期的果树有可能会因缺水而干枯死亡。芒果的叶片会通过光合作用储藏能量以提供果树的生殖生长，水分缺失将影响芒果的正常生殖生长。芒果种植过程中可适当灌水以促增产。芒果树根很深，比较耐旱，但严重干旱会抑制其营养生长，阻止有机营养的产生与积累，间接影响花芽分化和果实生长发育。

芒果虽是耐旱作物，但也离不开水分的补给。结合芒果的生长特点、水肥特性等，并结合业主意向和园区的管理经验，灌溉方式选定为滴灌。

滴灌是按照作物的需水要求，通过整体式的滴灌带、滴灌管和安装在毛管上的滴箭、滴头或其他孔口式灌水器，将水或肥液一滴一滴、均匀而又精准地滴入作物根区附近土壤中的灌水方法。芒果植株滴灌一般采用小管出流。小管出流是指在支管上打孔安装紊流器，在紊流器另一端安装一截毛管，使肥液直达作物根部的灌溉方式。小管出流灌溉是一种局部灌溉技术，只湿润渗水沟两侧作物根系活动层的部分土壤，水的利用率高，省水，而且是管网输配水，没有渗漏损失；适应性强，对各种地形、土壤、各种果树等均可适用。

五、首部系统设计

灌溉首部枢纽是高效灌溉系统中的重要组成部分，它包含加压设备（水泵）、过滤设备、施肥加药设备、测量设备、控制设备等（图 4－1）。

不同的灌溉方式或不同的作物选择的首部配置都有很大的差异。

图 4－1　首部系统组成示意图

首部枢纽设计目前所依据的规范只有《微灌工程技术规范》（GB/T 50485—2009），其中 6.2 水源工程与首部枢纽规定了首部枢纽水泵、过滤器、施肥设备、控制阀、进排气阀、水表、压力表的选择原则性。其中过滤器、控制阀、进排气阀、压力表的选择是核心内容。

（1）过滤器。

①水质状况、灌水器的流道尺寸。按 GB/T 50485 第 6.2.5 条规定，过滤器应根据水质状况和灌水器的流道尺寸进行选择。过滤器应能过滤掉灌水器流道尺寸 1/10～1/7 粒径的杂质，过滤器的类型与组合方式可按规范表 4－1 进行选型。

表 4-1　过滤器的类型与组合方式

有机质含量（mg/L）	无机质含量（mg/L）	常用过滤器类型
≤5	≤5	手动清洁网式过滤器
	5～10	手动清洗叠片过滤器
	≥10	手动清洗网式或叠片过滤器
5～10	≤5	手动清洗叠片过滤器
	5～10	手动反冲洗沙石过滤器
	≥10	手动反冲洗沙石过滤器
≥10	—	自动反冲洗沙石过滤器

②设计流量、工作水头、水质、冲洗周期。过滤器的过流量按 GB/T 50485 第 6.2.7 条规定，根据微灌系统设计流量、工作水头、水质及冲洗周期的要求选择。在实际设计中，过滤器的过流量按系统的设计流量进行选择，但当过滤器的设计流量与水泵的设计流量一样时，过滤器的流量范围与水泵高效区的流量范围一致容易出现水泵在压力下降、流量增大时超出过滤器的流量上限，这时只有通过系统调压来减小水泵的过流量以满足过滤器的流量要求。

③工作压力。过滤器的选择除了考虑过流量与过滤精度外，还有一项关键的参数需要考虑，就是过滤器的工作压力，市场上可买到的过滤器大多承受压力为 0.6MPa，部分达到 1MPa。

首部枢纽在建成后试运行时，为了防止系统中出现意外情况，可做一条旁通管绕过过滤器，使水流从旁通管流过，关闭过滤器两端的阀门，使过滤器暂不参与系统的运行，等水泵与控制阀运行正常后，再打开过滤器两端的阀门，关闭旁通管，让过滤器参与系统的试运行。

（2）控制阀。为了使系统安全稳定运行，在过滤器的前端需要安装泄压阀（排泄管道剩余压力时启动），系统的压力大于过滤器的工作压力时，泄压阀自动打开，保持过滤器的压力在允许范围内。泄压阀可根据流速的不同进行选择，公式为：

$$泄气阀管径=\frac{主管流量}{池压阀流速}$$（注：池压阀设计流速度 5m/s。）

（3）进排气阀。在启动与关闭时，过滤器内产生真空需要补气，过滤器需要补水，因此过滤器一定要安装自动进排气阀，不要安装手动排气阀。

（4）控制阀。控制阀的位置安装一定要正确，有人认为为了保证过滤器的安全，水泵多功能控制阀要安装在过滤器的后面，这样可以先保护过滤器。这种看法是有问题的，水泵多功能控制阀放在过滤器前面或后面都一样，是不能完全消除水锤的，另外，水泵控制阀放在过滤器后面会造成水泵抽真空的困难。

（5）压力表。压力表在首部枢纽中是必不可少的，不管是水泵的进出水口还是过滤器的进出水口都要安装压力表，要注意压力表的量程为系统工作压力的 1.3～1.5 倍。

①水源选择。水源采用基地内部的水沟（渠），水质一般。为保障整个基地用水，需增加水源，措施有：新建水井（利用原有废弃水井）、将基地背部水渠与外河连通，由水泵调水到基地内部等。

②加压设备（水泵）选择。灌溉所用水的动力来源于水泵，水流经过水泵获得动能，从而满足灌溉系统对流量和压力的需求。

本设计的水源为水沟，从系统长期稳定运行和节省运行费用等方面考虑，选用自吸泵，选用 ISW100-200A 卧式管道离心泵 4 台，流量 93.5m^3/h，扬程 44m，功率 18.5kW。4 台水泵中 3 台为工作泵，1 台为备用泵，即“三用一备”。其中滴灌系统使用 2 台，喷灌系统使用 1 台。用水量小时滴灌系统开启 1 台泵，在用水旺季时 2 台水泵也可以同时给灌溉系统供水，极大提高灌溉的速度。当工作泵出现故障时，立即启用备用泵，保障园区的正常生产。

要求在泵房内指定位置提供 AC380V/50Hz 不低于 60kW 的三

相五线制稳定电源（图 4-2）。

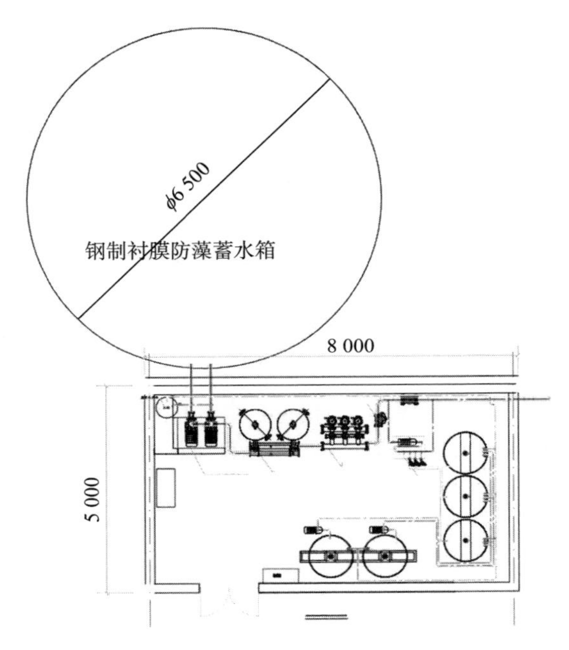

图 4-2　泵房设备布置图

③过滤设备选择。灌溉用过滤系统的作用主要是防止因为水质不好而堵塞灌水器，从而导致灌溉系统瘫痪，同时也需要合理配置过滤系统来保证灌溉系统的正常运行。

常见的过滤系统主要有沙石过滤器、叠片过滤器、网式过滤器、离心砂过滤器、纯水系统等；根据不同的灌溉水质要求配置不同的过滤设备。

本方案设计首部两级过滤和田间末端过滤共三级过滤设备满足滴灌系统的用水要求。

A. 自动反冲洗沙石过滤系统。本项目实施地，所取水源是三亚福返基地附近的水沟，水沟的水未经过滤且存在大量有机杂质和泥沙，因此，需要在首部系统安装自动反冲洗沙石过滤器，这种过滤器滤出和存留杂质的能力很强，并可不间断供水。只要水中有机物含量超过 10mg/L 时，无论无机物含量有多少均应选用沙石过滤器。

当系统处于过滤状态时，未经过滤的水通过过滤器顶部的布水器，配合球形外壳，以接近平流的状态流经填料层。当水流过填料层时，杂质被截留在填料层内，过滤器底部的收集器将过滤后的水均匀地收集并流出。随着杂质在填料层中不断聚积，进出水压差将不断增大。过滤罐一般为圆柱状，直径为 0.35～1.2m，罐内滤料厚 25～50cm。它允许在滤料表面淤积几厘米厚的杂质，这一点远比网式和叠片式过滤器优越。当压差达到的设定限度或过滤时间达到设定值时，系统将自动进入反洗状态，清洗填料层并去除聚积起来的杂质。当系统进入反洗状态时，通过控制系统改变三通阀的通断位置（进口关闭、排污口打开），部分经过其他过滤单元过滤的水流入要反洗的过滤单元中。由于系统内部水压，被反洗的过滤单元的填料层在水流的冲击下被冲起，杂质则通过三通排污阀的排污口被排出。

反洗结束后，阀门又恢复到过滤状态，而下一个过滤单元则进入反洗状态。一般一个系统由多个过滤单元组成，它们依次反洗，以保证反洗时不断流。

沙石过滤器系统通常为多罐联合运行，以便用一组罐中滤后的水来反冲其他罐中的杂质，过流量越大需要并联运行的罐也越多。

本方案选用 3003 自动反冲洗沙石过滤器，由 3 个缸体组成，单缸直径 30′，过流量 130m^3/h。

B. 自动反冲洗叠片过滤系统。叠片过滤器通过压紧的塑料盘片实现表面过滤与深层过滤组合。过滤时，这些通路导致水的紊流，最终促使水中的杂质被拦截在各个交叉点上。叠片上沟槽的深浅和数量不同决定了过滤单元的过滤精度。

本设计选用 3/5 自动反冲洗叠片过滤系统（图 4－3），设备在工作时，叠片在弹簧和水的作用下被压紧，水中杂质被截留。反冲洗时，控制器控制专用的三通阀，改变水流方向，需要反冲洗的单体中叠片自动松开并旋转，利用部分经过其他单体过滤器后的净水将杂质通过排污管冲出。相对于手动清洗的过滤系统而言，自动反冲洗过滤系统无需人工清洗，可根据进出水口压力差（即堵塞程度）或设定的冲洗周期自动反冲洗，可避免人为遗忘而影响系统运行情况。

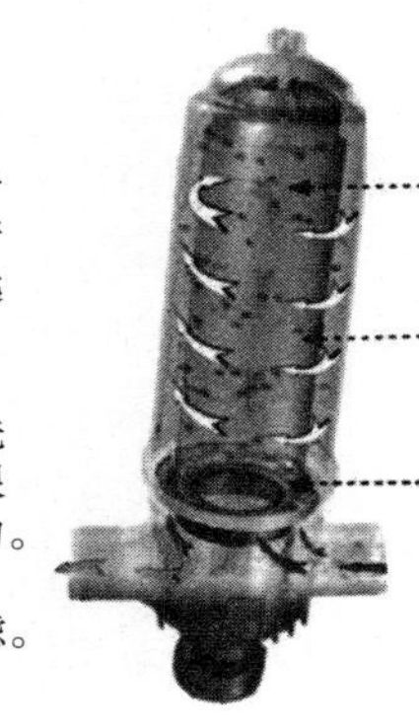

图 4－3　自动反冲洗过滤系统

自动反冲洗过滤系统具有以下特点：

a. 反洗时间短，单体反冲只需 7～20s 即可完成，反洗耗水量小，对于黏性杂质也可以清洗。

b. 反洗在过滤状态下轮流交替进行，各单元工作、反洗状态之间自动切换，可确保连续出水，降低系统压损失。

c. 节省占地，模块式系统，可按安装空间自由组合，因地制宜。

d. 运行稳定，已应用于农业灌溉水源过滤。

④控制设备选择。采用变频自动供水控制系统如变频恒压控制柜（图 4－4）。在大面积区域、管网复杂、田间人工控制、用水量大的系统中选用变频控制有极大优势，具体如下。

A. 只要系统的用水量在最大供水量范围内，无论开启一个阀门还是多个阀门，水泵都能自动调节、按需供给。即使不开任何阀门，也无需到泵房停泵，实现了首部控制的无人化管理。

图 4-4　变频恒压控制柜

B. 避免了人工频启动出现瞬间水锤而把管道打爆的现象，保护管网及设备，使用人员操作阀门无需往返奔波于泵房与田间，提高了工作效率，降低了劳动强度。

C. 根据用水需求提供合适的水量和水压，有效节能，低碳环保，从而节省长期运行成本。一般采用变频控制比常规控制要节能40%左右，经济效益明显。

配置各种保护功能，泵房无需设岗，只需定期检查、保养。

施肥系统设计　水肥一体化技术是将灌溉与施肥融为一体的高效精准灌溉技术。将可溶性固体或液体肥料按土壤养分含量和植物种类的需肥规律和特点配好，与灌溉水一起，通过滴灌系统，均匀、适时、适量地施加给植物，满足植物在关键生育期“吃饱喝足”的需要，避免了任何缺素症状，因而可达到植物产量和品质双优的目标。

本项目设计选用全自动灌溉施肥机，安装在首部中控室内，对整个项目区施肥，满足系统水肥需求。全自动灌溉施肥机精度高、自动化程度高、可控性强、单一肥料和多种肥料可同施（图 4-5），具有以下功能：连接电磁阀，可实现温室全自动水肥一体化及温室环境控制；可对田间电磁阀实现自动程序控制、时间控制、编组控制、一对一控制等，控制电磁阀数量可达上百个；基本型配置 3 个施肥通道，进行肥料配比，溶肥种类可达三类；可根据业主实际需要增加施肥通道；可实现定量施肥、按比例施肥，施肥量和施肥比例可根据实际需要灵活调整。

D. 在线 CE/PH 监测，实现肥料配比监测，准确可靠。

图 4-5　全自动灌溉机

六、管道设计

管道布置应与水渠排水系统、道路、林带、抽水系统的规划密切结合，注重保护和改善当地的生态环境。根据地形情况，尽量以最短的管道控制最大的栽培面积，减少管道及水压损失，选择合理的管径和带管，降低投资成本。以经济实用为原则，本方案主管道选用 U-PVC 管，采用胶水连接。主管道沿道路布置，阀门安装在路边，便于日常管理，尽量避免过路过河，破坏原有设施，主管道埋地铺设（图 4-6）。主管道过路采用钢管作为保护套管，保护套管直径比主管道管直径大两个规格。

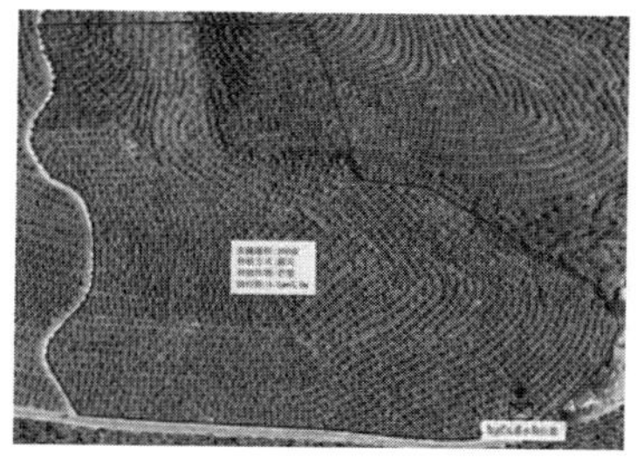
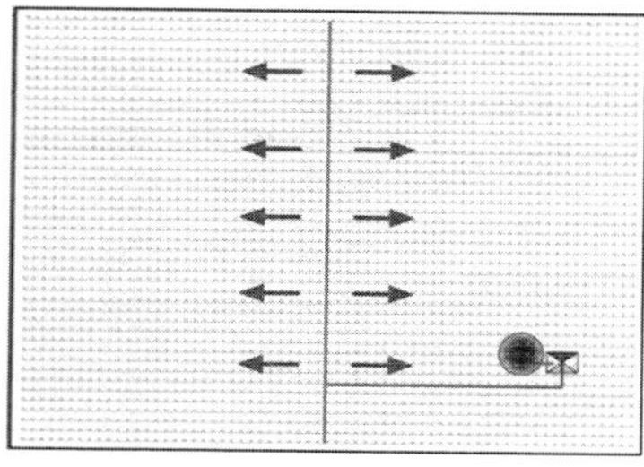

图 4-6 基地种植及管网布置图

第二节 芒果水肥一体化系统施工

一、系统施工前期准备

（1）技术准备工作。

①选定项目部负责人，组建强有力的项目部，并落实参与本项目施工的人员。

②认真审阅施工图纸，参加设计交底和图纸会审。

③复测控制桩并制定测量方案。

④组织工程技术人员熟悉施工图纸，编制详细的施工方案，进行技术、安全、防火培训，做好技术、安全交底，安排好有关的试验工作。

（2）施工准备工作。

①全面检修进场施工的机械设备，以保证施工前设备运转正常。

②编制施工计划，安排施工顺序，协调各工序及各专业间的配合工作。

③落实相应的专业施工队伍，并进行岗前培训和教育。

④做好材料、成品、半成品和工艺设备等的计划，并按照计划安排工作，使之满足连续施工的要求。

（3）现场准备工作。

①进行实地测量。

②确定施工范围，设置施工围蔽，并在围蔽区内按拟定的施工方案组织施工人员。

③认真熟悉现场的地理位置、工地条件、供水供电状况及出入口位置，认真布置储存物料和施工用的工作场地，做好施工现场“三通”，架设动力和照明线路，接通施工用水管路，确定材料、设备和土方运输线路，使之满足现场施工的要求。

④组织工程机械设备和材料进场。

二、施工总体部署

（1）施工布置原则。根据现场的实际情况，结合工程量的分布及工期要求、施工程序进行科学合理的施工，总平面布置及管理能够有效地提高生产效率，同时避免重复运输等影响工程进度的情况出现。

施工平面布置以满足施工需要且符合创建文明施工为前提，充分利用现有对外交通等自然条件，综合考虑主体工程规模、施工方案、工期、造价等因素，按照招标文件要求和《水利水电工程施工组织设计规范》（SL303—2004）标准，因地制宜、因时制宜、利于生产、方便生活、快速安全、经济可靠。场地布置既要便于施工，又不能影响施工区现有设施，根据工程的施工特点及要求，充分利用现场条件以减少临时占地。

①施工临时设施布置。施工临时布置主要包括项目部、施工道路、施工供水、施工供电、生产区、管理及生活区、机修厂、施工仓库等。

A. 生产生活营地的位置及布置。生产生活营地的位置布置在施工地附近位置。

B. 施工生产、生活用水及用电。施工供水可到附近村庄取水，以备施工生产、生活的要求。

施工用电采用网电和自备柴油发电机供电，并架设必要的线路以满足生活和施工要求。为了保证用电安全，主要电源开关全部采用空气开关，并配备触电保护装置。低压线至用电机械处用橡胶电缆连接。

C. 对外交通条件。本工程对外交通条件较好，以县乡为中心向四周辐射的公路四通八达，利用公路可直达施工现场附近。在公路到达不了的工区修建宽3～5m的临时进场施工道路以便施工。

D. 场内施工道路。由于场地地质条件较好，可以满足施工要求，施工时可采用机动翻斗车及自卸汽车进行场内运输。

E. 通讯。利用当地中国移动通信集团公司（简称中国移动）或中国联合网络通信有限公司（简称中国联通）的无线通信网络，使用手机作为联系的主要途径，此外场内设置对讲机要保证能正常使用。

F. 保安和消防设施。按照消防要求在各办公区和生活区设置数量足够的消防设施，包括灭火器和消防水池等，消防水池采用砖砌池身，保持经常蓄满水。每个生产、办公区采用铁栏围蔽，出入口设置门卫。

②施工临时排水。在施工中，要及时排水，为防止雨水蓄积等必须挖好截水沟、排水沟将积水排出，特别是在施工场地、施工道路和临时便道，更要做好排水，以防遇水泥泞，影响施工。

在场地开挖过程中，要做好临时性地面排水工作，保持必要的地面排水坡度，设置临时坑槽、使用潜水泵等设备排除积水，开挖排水沟排走雨水和地面积水。

（2）管理的主要技术措施。工程的技术措施包括施工组织、图纸会审、施工方案编制、技术交底、技术检查、技术革新、拟定各项技术措施、实施各种技术规程和进行技术培训等。加强技术管理，确保工程的质量和进度，并在工程中落实“四新”技术的推广应用。具体技术管理措施如下。

①建立健全的技术管理制度，包括技术责任制度、图纸会审制度、技术交底制度、方案复核审批制度、测量制度、施工日志填写制度和工程技术档案制度。

②对于施工重点难点，组织有关技术人员进行技术攻关，编写先进的、合理的施工方案，确保施工安全优质进行。

③制定奖励制度，鼓励施工人员对施工方案及措施提出合理化建议，对经过实践证明确实可以提前工期、保证质量、降低工程成本的可行性建议给予奖励。

（3）施工协调配合措施。成立交叉作业协调小组，项目部由各专业公司工程师组成，在现场同一地点办公，共同制定施工顺序配合表，明确哪个工序在先、哪个工序在后，后一工序何时开始插入，项目部安排专业工程师，专门现场跟踪专业协调工作。

项目部在给下属各班组的施工交底文件中，要用特别书面注明本工程与其他专业工程中交叉作业时的配合关系，如哪些地方必须为别的工种提供条件，哪些地方必须与别的工种协调同步作业，哪些地方须经本工种同意或准备好以后才允许别的工种开始作业等，都要用书面交代清楚，按明确的顺序实施推进交叉作业协调小组所订的策略。

确定好职责分工，通过合同和书面承诺文件对施工队伍在工序交接、相互协调和成品保护等方面进行管理，并按以下原则进行：

①施工前，各专业对交叉施工的地方，应进行图纸上的会审，做一张总图，注明各专业物品的位置、标高、尺寸等，如有矛盾处，请设计协调解决。

②各专业在施工中需要对方的配合时，应明确配合与完成时间，双方本着互利的原则，互相配合，共同为工程服务。

③各种封闭项目在封板前，必须在各专业与工种做好自己专业的隐蔽检查，做好记录并合格后方可进行封板。

④教育工人爱惜各专业与工种的劳动产品，做好成品保护工作。

（4）工程管理的总体目标。

①质量目标。严格按照ISO9001质量管理体系标准组织施工，严格执行招标文件中指明的有关技术标准和施工规范、规程及国家制定的强制性的施工规范和规程，保证工程质量等级达到合格标准。

②安全生产与文明施工目标。做到“四无、一杜绝、一达标”，

即无工伤死亡事故，无重大机械事故，无交通死亡事故，无火灾和洪灾事故，杜绝重伤事故，安全生产达标。严格按照国家和行业有关的安全法律法规以及业主对安全生产与文明施工的要求进行施工，创安全、文明施工标准化工地。

③环保目标。严格按照ISO14000安全、健康、环境保护一体化体系标准组织施工，达到国家对工程建设的环保要求。

第三节　基于DSSAT模型的智能灌溉控制算法设计与实现

科学的灌溉决策在农业生产中有着非常重要的意义，不但可以节约水资源，节省人力物力，还能使农作物的生长质量、农作物产量得到提高。比较科学的灌溉决策是，在农作物不同的生长时期根据不同的需水量进行灌溉，这样农作物的生长条件能保持在适宜其生长的环境中。但农业灌溉控制系统不同于一般的控制系统，由于控制的是土壤水分，容易受到水分渗透速度、扩散速度、天气环境以及农作物对水分的吸收速度等条件的影响，这使得农业灌溉控制系统有着大惯性、滞后性、非线性的特点，农作物生长与土壤水分之间的数学模型难以建立，因此一般的控制算法很少被应用于灌溉系统。基于DSSAT模型的智能灌溉控制算法是一种非线性的算法，无需对控制对象建立精确的数学模型，只需要根据以往的数据进行学习，就能得到输入量与输出量之间的关系，能够用于预测。本系统的智能灌溉控制算法就是以DSSAT模型为基础设计的，还加入了模糊控制以控制灌溉时长。

一、农作物需水特性

要使智能控制算法做到既科学又智能，就必须了解农作物的需水量。作物需水量是指生长在土壤条件适宜，无病虫害的作物在生长环境中为满足作物的蒸腾以及土壤的蒸发，作物所需要的水量。影响作物需水量的因素有气象条件，土壤条件，农作物的生长时期，农作物的特性等，其中，气象条件主要是光照、气温、风速、湿度等对作物需水量产生影响；土壤条件主要是土壤类型、土壤结构、土壤渗透率、地下水等对作物需水量产生影响；农作物的生长时期对作物需水量的影响主要表现在不同的生长时期作物的需水量都不同；农作物的特性主要是作物对水分的吸收能力、蒸腾速度等对作物需水量产生影响。在以上的各种影响因素中，气象条件、土壤条件和农作物特性是农作物需水量的主要影响因素。

1. 气象条件 气象条件通过光照、风、空气温度影响作物的蒸腾作用，通过风对地面的空气产生影响，使得空气湿度发生变化，从而影响植物的蒸腾量。空气温度影响着空气的含水量及水分的扩散速度，空气温度越高，水分蒸发越快。

2. 土壤条件 土壤条件通过水分渗透率、土壤类型、地下水等影响作物的需水量，水分渗透率不同会影响作物吸收水分的速度，土壤类型不同，对水分的吸收率也不同，间接影响作物吸收水分的速度。若地下水位较高，会使土壤的湿度保持在一个较高的水平，此时就难以对土壤湿度进行控制。

3. 作物特性 对作物需水量产生影响的特性主要有作物的种类、品种和生长阶段。作物种类有耐旱植物和湿生植物，耐旱植物保水能力较强，需水量少；湿生植物保水能力差，需水量大。即使是同一种作物，品种不同，作物需水量差别也很大，同一品种的作物生长阶段不同，需水量也不同，一般生长前期需水量较少，到生长旺盛期达到顶峰，然后逐渐减小。

二、作物需水量计算

本算法中控制的芒果种植面积为1亩，用于预测的经济作物种类是芒果，在控制算法设计之前，首先需要计算出用于DSSAT模型预测的数据，也就是根据气象数据计算出芒果不同时期的灌溉需水量。

采用基于参考作物蒸发量的方法来计算作物需水量。

$$ET=K_c ET_0$$

式中，ET——作物实际需水量；

K_c——作物系数；

ET_0——参考作物需水量。

第四节　传感技术在智慧农业的应用

智慧农业是农业发展的高级阶段，利用了传感与测量技术、计算机网络与通信技术、智能、自动控制技术等，通过在农业生产现场布置各种传感器和通信网络，让田间智慧种植、可视化管理、智能预警、智能决策等都得以实现。

一、主要传感器类型

1. 农业监测传感器　敏感元件采用进口继承芯片，支持标准的电压，电流信号输出，以及数字信息输出。标准串口通信协议RS-485，波特率 9 600（标配）。传感器抗结露能力强，可在高湿环境下长期工作，防护等级 IP65，连接方式使用航空插头。

多参数系列气象站属于集成式监测一体机气象站，包含多个气象监测传感器，可根据作物监测需求选择不同监测要素的一体机设备，减少安装难度与安装成本，节约用网用电成本。

2. 温湿度传感器　温湿度传感器是当前智慧农业中应用最多最广泛的传感器，主要包括空气温湿度传感器和土壤温湿度传感器。其中空气温湿度传感器多安装于温室大棚和空气流通的畜舍中，能对大棚和畜舍中的温湿度进行测量；土壤温湿度传感器以测量土壤温湿度为主，根据农作物根部生长状况确定埋入土壤中的深度，通过实时了解土壤温度和水分含量，对土壤进行适当的浇灌。

3. 光照度传感器　智慧农业中的光照度传感器可以对不同强度的光照进行有效检测，具有光照度测量范围广、安装便捷、防水性强、传输距离远等优势。目前光照度传感器在温室大棚中应用较多，可对大棚内的光照度进行有效测量，并检测当前光照度是否符合农作物最佳生长光照度范围，以便根据检测结果对大棚进行遮光或补光处理。

4. 气体传感器 当前在智慧农业中应用较多的气体传感器包括 CO_2 和 NH_3 气体传感器，前者多是用来检测大棚、畜舍等较为封闭的环境中 CO_2 的含量，可根据检测结果判断是否需要增施化肥或通风换气；后者多是用来检测畜舍中 NH_3 的含量，可根据检测结果判断是否需要对畜舍中的粪便进行清理。

5. 营养元素传感器 营养元素传感器能对无土栽培营养液中的营养元素进行有效测量，并能对营养元素含量和比例是否符合作物最佳生长环境进行全面分析，农户可根据分析结果调整营养元素的含量和比例。此外，营养元素传感器还能对温室和大棚的土壤中各类元素的含量进行检测，农户可根据检测结果判断是否需要增施肥料。

二、传感器通讯模块

传感器采集通讯模块：支持数据透传与再封装。可通过标准的485-GPRS、WiFi 以及有线网络实现对传感器设备的管理与数据上网功能。基于 485 协议，采集通讯模块可接入多套传感器，可减少设备成本以及可根据需求增加或减少接入的传感器数量，可以实现复杂环境与各类场景的设备安装管理。

三、传感器接入服务平台

使用基于 NIO 的同步非阻塞通信方式，以实现高并发与大量设备接入的管理，使用 mq 消息队列技术来降低系统并发压力以及与农业业务服务解耦。服务使用适配器与责任链模式来实现对传感器客户端进行设备适配与数据解码的功能，通过解码适配器可对各类传感器选择相应的解码方式，可以支持市场上大多数类型的传感器设备，且可以通过适配器开发实现对特定类型的设备进行接入。平台端的设备适配接入与管理，以更小成本的开发工作实现了对传感器设备的实时监测，统一管理。

四、传感器应用场景

1. 传感器在农业机械化方面的应用　机电一体化是农业机械发展的重要趋势，同时也是农业现代化的必由之路，而传感器技术又是机电一体化的关键技术之一。改造传统的农业机械离不开传感器，发展现代化的农业机械更需要大量的传感器。由此可见，传感器在农业机械方面的应用十分广泛。近年来，拖拉机、收割机、制米机、灌溉机等农业机械都安装使用了各种传感器，来增加或提高其性能。例如，美国研制推出了一种收割机割高度自动控制系统。该系统是由传感器、电子电路及液压等部分构成的。作物的高度信号由割台输送带上的物位传感器检测，电子控制器把传感器的输出信号经过滤波后转换成升高、降低或继续保持割台高度的信号，然后驱动电磁阀，使控制收割台的液压缸做相应的动作，调整割台的高度。该系统在割台的两端还各装一个近地传感器，以防割台触地。再如，日本东洋制米机厂研制出一种可以安装在联合收割机上的用来判断、清除谷物中混进的金属等杂质的磁传感器。其工作原理是在谷物滚动的筒管周围形成高频电磁场，利用磁传感器测量谷物滚动时引起的电磁场的变化，通过分选器剔除谷物中的金属杂质等。

2. 传感器在培育良种方面的应用　种子是农业生产的第一环节，应倍受重视。近年来，生物技术、遗传工程等都成为良种培育的重要技术，在这其中生物传感器发挥了重要的作用。例如，西班牙的农业科学家通过生物传感器操纵种子的遗传基因，在玉米种子里找到了防止脱水的基因，培育出了优良的玉米种子。此外，监测育种环境还需要温度传感器、湿度传感器、光传感器等；测量土壤状况需用水分传感器，吸力传感器、氢离子传感器、温度传感器等；测量氮、磷、钾各种养分需要用各种离子敏传感器。

3. 传感器在种植方面的应用　种植是农业的基本操作。农作物的各种种植环节甚多，在整个过程中，可以利用各种传感器来收集信息，以便及时采取相应的措施来完成科学种植。例如，美国的科研人员通过埋入土壤中的离子敏传感器来测量土壤的成分，并通过计算机进行数据分析处理，从而来科学地确定土壤应施肥的种类和数量。此外，在植物的生长过程中还可以利用形状传感器、颜色传感器、重量传感器等来监测物的外形、颜色、大小等，用来确定物的成熟程度，以便适时采摘和收获；可以利用二氧化碳传感器进行植物生长的人工环境的监控，以促进光合作用的进行。例如，塑料大棚蔬菜种植环境的监测等；可以利用超声波传感器、音量和音频传感器等进行灭鼠、灭虫等；可以利用流量传感器及计算机系统自动控制农田水利灌溉。

4. 传感器在饲养方面的应用 饲养业是提供重要的农副产品的产业，优质的饲养业农副产品，对人民的生活极为重要，传感器在这方面可以大显身手。几年前，我国的农业科研人员就利用生物传感器和基因工程培育出一种生长快、瘦肉比例高、饲养料消耗少的转基因猪，满足了市场的需求。利用传感器还可以监测畜、禽、蛋等的鲜度。例如，日本长崎大学研制出一种用来测定畜、禽肉鲜度的传感器。它可以高精度地测定出鸡、鱼、肉等食品变质时发出的臭味成分二甲基胺（DMA）的浓度，其测量的最小浓度可以达到 $1g/m^3$，利用这种传感器可以准确地掌握肉类的鲜度，防止变质。再如，美国的养鸡场利用鸡蛋检测仪来检测鸡蛋质量的好坏。这种仪器是由两个压电传感器和一个监测器组成的。检查时，把鸡蛋放在两个传感器之间，其中一个传感器作为“发话人”，另一个传感器作为“受话人”，它们同时与监测器连接。如果鸡蛋没坏，监测器上就显示出一个共振尖波峰，如果鸡蛋受到沙门氏菌污染而变质，监测器上就出现一高一矮两个波峰，用它来检查鸡蛋既快又准。此外，在科学的饲养过程中，还需要测量水状况的温度传感器、溶解氧传感器、水的成分传感器等；监测饲养环境需用温度传感器、湿度传感器、光传感器等；测量饲养料的成分需要各种离子传感器；机械化的饲养机器人需用力传感器、触觉传感器、光传感器等。

5. 传感器在农产品分类加工方面的应用 农产品的分类加工

是农业生产的后道工序，一般的农产品及农副产品都需要分类加工，在这个过程中仍需用各种传感器。例如，日本就利用光传感器对水果的糖度进行测定，按糖度来划分等级，确保水果的味道和甜度。此外，在加工的过程中所用的传感器还有湿度传感器、温度传感器、水分传感器等。例如，粮食、药材和茶叶等的加工都离不开上述各种传感器。

6. 传感器在农产品储藏方面的应用　农业生产的各种产品都需要储藏，在储藏的过程中，传感器也大有用武之地。例如，日本利用果品霉变传感器来监测库内花生等果豆的霉变。这种传感器采用 700nm 波长和 1 100nm 波长的近红外线，在照射果豆时，通过穿透率的对比来识别正常的果豆和霉变的果豆。若采用传送带依次检测，每秒的检测速度为 3m，一个传感器每小时可检查 75kg 果豆。该传感器对黄曲霉素的检测精度可达 1×10^{-9}g。此外，为了确保储藏环境的适宜，还需用传感器各种来进行环境的适时监测。例如，粮食的储藏需用温度传感器、湿度传感器、水分传感器等；蔬菜、水果等的储藏需用测量乙烯、氧、二氧化碳、氨、氟利昂、温度、湿度等传感器。

7. 传感器在农业气象、环境方面的应用　农业生产离不开气候环境，时时监测环境的变化，准确地把握农时，对确保农业丰收至关重要。在这方面应用的传感器主要有气压传感器、风速传感器、温度传感器、湿度传感器、光传感器等。总之，传感器在农业生产中的应用十分广泛，它可以深入到农业生产的每一个环节中。近年来，随着国内对农业科技投入的增大和科技兴农战略的深入发展，传感器在农业方面具有广阔的应用市场。而国内传感器行业所面临的当务之急，就是要降低成本，向农业提供大量廉价适用的传感器，占领农业用传感器的市场，同时，也促进了农业的发展，利国利民。

五、物联网网关与传感器终端通信适配相关技术分析

物联网网关作为物联网体系架构中连接传感器网络和电信网的

重要网元，其与传感器终端的通信适配是物联网研究的一个重要方向。

1. 物联网网关与传感器终端之关系定位 物联网网关作为整个物联网体系架构中连接传感器网络和电信承载网的重要网元，其与传感器终端的通信适配是物联网研究的一个重要方向，图 4－7 所示为物联网网关和传感器终端的逻辑架构图，表现了物联网网关的功能特性及其与传感器终端的关系。①传感器终端由数据采集、数据处理、数据传输和电源构成，具有感知能力、计算能力和通信能力；②近距离感知网络是由观察区域内的传感器节点通过自组织等方式构成的智能信息采集网络；③物联网网关作为连接传感器网络与承载网的硬件设备适配传感器终端（无线、有线方式）并实现传感器网络和承载网之间的协议转换、对传感器终端数据的智能管理以及与平台的通信。

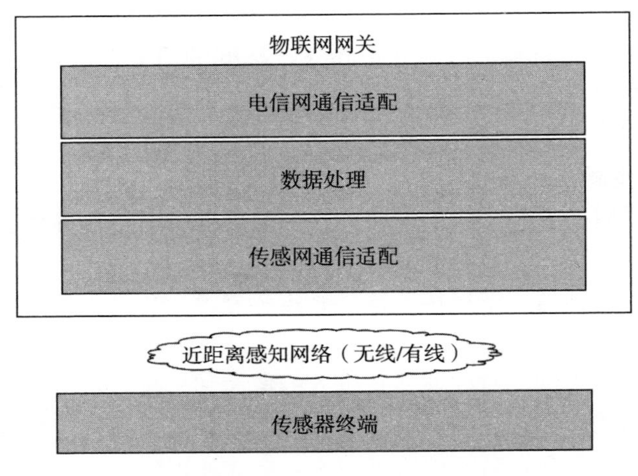

图 4－7　物联网网关与传感器终端逻辑架构图

2. 物联网网关与传感器终端适配

（1）无线适配协议。

①ZigBee 方式。ZigBee 技术是一种短距离无线通信技术，其传输速率较低，它的协议基础是 IEEE802.15.4。IEEE802.15.4

是无线个人局域网（Personal Area Network，PAN）工作组的一项标准。IEEE802.15.4 仅定义了底层的物理层和 MAC 层，而 ZigBee 在此基础上对网络层和应用层进行了标准化形成了完整的 ZigBee 协议。

②WiFi 方式。WiFi 的典型设置通常包括一个或多个接入点 AP 及一个或多个客户端。每个接入点 AP 每隔 100ms 将服务单元标识 SSID（Service Set Identifier）经由 beacons 封包广播一次，其传输速率为 1Mb/s。基于如 SSID 这样的设置，客户端可以决定是否联结到某个接入点 AP。若同一个 SSID 的两个接入点 AP 都在客户端的接收范围内，客户端可以根据信号的强度选择与哪个接入点的 SSID 连接。

WiFi 网络之所以得到广泛的应用，主要由于其具备以下几个特点：可移动性、组建简便、完全开放的频率使用段、动态拓扑特性和以太网的兼容性。

③蓝牙。蓝牙是一种短距无线通信的技术规范，它最初的目标是取代现有的掌上电脑、移动电话等各种数字设备上的有线电缆连接。从目前的应用来看，由于蓝牙体积小、功率低，可以被集成到任何数字设备中，特别是对传输速率要求不高的便携设备。

蓝牙技术特点如下。

A. 全球范围适用。蓝牙工作在 2.4GHz 自由 ISM 频段，使用该频段无需向各国的无线电资源管理部门申请许可证。

B. 同时可传输语音和数据。蓝牙采用电路交换和分组交换技术，语音信道数据速率为 64kb/s。如果是非对称信道，传输数据速率最高为 721kb/s，反向为 57.6kb/s；当采用对称信道传输数据时，速率最高为 342.6kb/s。

C. 可以建立临时性的对等连接（Ad-hoc Connection）。根据蓝牙设备在网络中的角色，可分为主设备（Master）与从设备（Slave）。主设备是发起连接请求的蓝牙设备，几个蓝牙设备连接成一个微微网时，主设备只有一个，其余的均为从设备。微微网是蓝牙最基本的网络形式，一个主设备和一个从设备组成的点对点的通信连接即为一个最简单的微微网。

D. 具有很好的抗干扰能力。为有效抵抗同频干扰，蓝牙采用跳频方式来扩展频谱（Spread Spectrum），将2.402～2.48GHz频段分成79个频点，相邻频点间隔1MHz。蓝牙设备在某个频点发送数据之后，再跳到另一个频点发送，而频点的排列顺序则是伪随机的，每秒钟频率改变1 600次，每个频率持续625μs。

E. 开放的接口标准。蓝牙的技术标准是公开的，任何单位和个人都可以进行蓝牙产品的开发。

3. 有线适配协议

（1）RS-232。RS-232是串行数据接口标准，最初都是由电子工业协会（EIA）制订并发布的，RS-232在1962年发布，命名为EIA-232-E。严格地讲，RS-232接口是DTE（数据终端设备）和DCE（数据通信设备）之间的一个接口，DTE包括计算机、终端、串口打印机等设备。DCE通常只有调制解调器（MODEM）和某些交换机COM的接口是DCE。RS-232一般为9个引脚（DB-9）或25个引脚（DB-25）。

（2）RS-485。工业上如果涉及通信距离较长，如达到几十到上千米时，一般采用RS-485串行总线方式。RS485和RS232的基本通信机理是一致的，它弥补了RS232通信距离短、不能进行多台设备同时进行联网管理的缺点。应用RS-485可以联网构成分布式系统，其允许最多并联32台驱动器和32台接收器。RS-485总线最远支持理论距离1 200m的连接，建议在使用中将距离控制在800m以内，如果距离超长可使用中继器。RS-485总线的负载数量取决于控制器的选型即通信芯片和485总线转换器的选型，理论上来说可支持32台、64台、128台、256台几种选择，具体应用中由于现场环境的限制往往达不到理论指标数。

（3）USB高速串口。USB2.0高速串口，传输速率达到了480Mb/s，相当于60MB/S。USB标准化团体USB Implementers Forum公布了有关USB2.0的LSI、周边设备以及零部件的运行保证标志。该标志只允许通过了认证机构试验的产品使用。USB 2.0

为数据传输速度最高可达 480Mb/s 的接口规格。在 USB 2.0 问世之后，英特尔（Intel）公司发展并免费开放一套高速控制器标准规格技术：增强型主机控制器接口规格（Enhanced Host Controller Interface，EHCI），而目前业界应该不会再制订其他高速主机控制器接口的规格技术。

综上，得出以下结论。

①无线适配方式如 ZigBee 及 WiFi，其自组网功能适合于以多节点方式分布的传感器终端采集数据的汇聚与上传。

②ZigBee 技术由于其具备自组网、低成本、中低速的传输速率等特点，适合于对实时速率要求较低的多节点数据汇聚和上传，如水质监测行业。

③WiFi 技术由于可同时支持单节点传输和多节点汇聚传输，并且具备较高的传输速率和相对较高的成本投入，适合于对实时速率要求较高的单、多节点传感器终端的数据汇聚与上传，如视频监控业务。

④蓝牙技术由于其传输速率和传输距离的限制，并且操作较为复杂（需要人工进行设备配对），目前较多应用于需要人工干预的传感器终端的数据汇集与传输，如医疗监测终端与物联网网关的数据传输、个人终端（如手机）之间的通信等。

⑤目前常用的无线适配技术大多工作于 2.4GHz 频段，无疑需要考虑同频干扰问题，可通过相关的信道评估算法和信道选择算法减少干扰程度。

⑥在大多数行业应用中，采用成熟的技术（如 RS232＼485 串口技术，无线的 WiFi、GPS 定位技术）。这些技术随着物联网技术不断发展，会与新的技术共同应用于相关行业中。如：A. 一、二维码技术虽然成本较低，但需要通过人工方式来进行扫描完成。与传统的二维码技术相比，RFID 技术具有很多优势（非接触、保密、安全性高、无接触磨损、寿命长、抗恶劣环境性能好、自动识别信息和批量读取），几年后随着物联网产业不断扩大，RFID 成本会随之降低，并广泛应用于标识、溯源等行业中。B. GPRS（通

用分组无线业务）是在现有 GSM 网络基础上发展起来的分组交换系统，与互联网或企业网相连，向移动客户提供数据业务，适合于对实时性和高速率要求高的应用，可弥补 GPRS 速率和带宽不足的问题。C. 传统的 RS-485 有线串口技术，在某些应用领域有可能被 ZigBee 无线接口技术替代。

六、传感技术存在的问题

近年来，智能感知、移动嵌入与无线通信网络等现代信息技术的发展，推动着农业传感器技术的快速发展。传感器技术在智慧农业中的应用前景非常广泛，但目前我国农用传感器在技术应用上还未成熟，无法满足智慧农业发展的技术要求。农业传感器技术存在的诸多技术瓶颈严重制约着智慧农业的快速发展。①我国目前农用传感器种类不到世界的 10%，传感器价格现阶段相对来说还比较贵，对于普通农作物来说并不适用，传感器在覆盖面、适用性等方面还有很大提升空间。②部分国产传感器性能不够稳定，需要经常校正。器材长期暴露在自然环境下，寿命短，维护成本高。③现阶段开发的植物、土壤和气体传感器设备，大多是基于单点和静态测定，缺少对植物生长信息、农药残留及农田生态综合环境等的动态实时感知监测设备，缺乏高灵敏度、高选择性、多点同步检测或多组分高通量的信息动态、连续测定设备。④目前农业中的无线传感网络拓扑还多数是基站星型拓扑结构的应用，并不是真正意义的无线传感器网络，传感器的无线可感知化和无线传输水平不高。智慧农业还非常缺乏稳定可靠、节能低成本、具有环境适应性和智能化的设备和产品。

智慧农业中传感器存在的诸多技术瓶颈严重制约着智慧农业的进一步发展，智慧农业规模化应用尚待时日。但无可否认，智慧农业是发展现代化农业的“不二之选”，虽然总结了很多目前存在的问题和技术瓶颈，但有问题才有思考和进步，有瓶颈才有突破和进取，只有不断地总结不足才可以发展的更为长远。

第五章　水肥一体化系统安装及技术措施

——以三亚福返芒果基地为例

第一节　PE 管道工程

一、管线定位及布置

管道工程经过的路线进行测量、定位，管线测量主要包括定线测量、水准测量和直接丈量，在定线前，于管沟经过路线的所有障碍物都要清除，并准备小木桩与石灰，依测定的路线、定线、放样，以便于管沟的挖掘。

二、管沟挖掘

（1）管沟的挖掘断面，如宽度、深度，见图 5－1。

（2）管沟的挖掘，须依照管线设计线路正直平整施工，不得任意偏斜曲折，而管线如必须弯曲时，其弯曲角度应按照管子每一承口允许弯折的角度进行。一般为 2°以内。

（3）管沟挖掘，应视土壤性质，作适当的斜坡，以防止崩塌及发生危险，如在规定的深度，发现砾石层或坚硬物体时，须加挖深度 10cm，以便于配管前的填砂，再行放置 PE 管。

（4）土质较松软之处，应酌情安装挡土设施，以防崩塌，管底并须夯实。管沟中如有积水，应予抽干，始可放管。

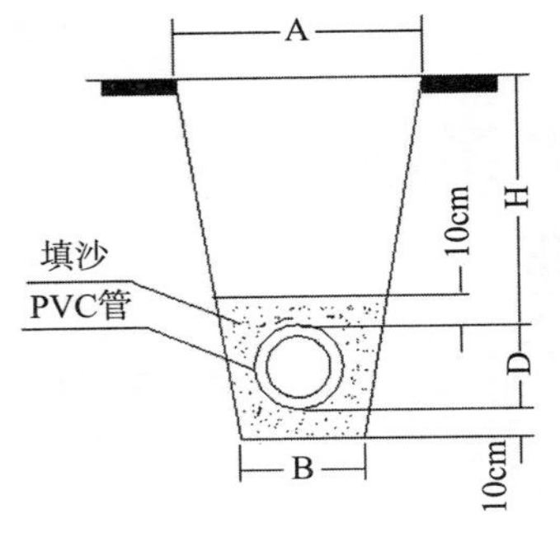

标称管径	A（cm）	H（cm）	B（cm）
160以下	B×1.2	60~80	30
180~315	B×1.2	80~100	D+15
400以上	B×1.2	100~150	D+20

图 5－1　PE 管埋设的管沟断面图

（5）PE 管道与相邻管道间的水平距离，不宜小于施工及维护要求的开槽宽度，及设置阀门井等附属构筑物要求的宽度。与热力管等高温管道，和高压燃气管等有毒气体管道间的距离不小于 1.5m。其他埋设物交叉或接近时至少应保持 20cm 的间距，以利施工。

（6）挖土堆置。管沟挖出的土方，可堆置管沟两旁，但不得妨碍交通。在市区施工时，其废土可先行清运。如在耕地内施工，其堆置度应力求缩小，以减少农作物损失。

三、PE 管道工程做法

（一）管道连接

管道连接分为电熔连接和热熔连接。

（1）电熔连接。

（2）热熔连接。热熔对接连接。

（二）安装的一般规定

①管道连接前，应对管材和管件及附属设备按设计要求进行核对，并应在施工现场进行外观检查，符合要求方可使用。主要检查项目包括耐压等级、外表面质量、配合质量、材质的一致性等。

②应根据不同的接口形式采用相应的专用加热工具，不得使用

明火加热管材和管件。

③采用熔接方式相连的管道，宜采用同种牌号材质的管材和管件，对于性能相似的必须先经过试验，合格后方可进行。

④大风环境条件下进行连接时，应采取保护措施或调整连接工艺。

⑤管材和管件应在施工现场放置一定的时间后再连接，以使管材和管件温度一致。

⑥管道连接时管端应洁净，每次收工时管口应临时封堵，防止杂物进入管内（图5-2、图5-3）。

图5-2　管道连接实物图（1）

图5-3　管道连接实物图（2）

⑦管道连接后应进行外观检查，不合格者马上返工。

（三）电熔连接

先将电熔管件套在管材上，然后用专用焊机按设定的参数（时间、电压等）给电熔管件通电，使内嵌电热丝的电熔管件的内表面及管子插入端的外表面熔化，冷却后管材和管件即熔合在一起。其特点是连接方便迅速、接头质量好、外界因素干扰小、但电熔管件的价格是普通管件的几倍至几十倍（口径越小相差越大），一般适合于大口径管道的连接。

1. 电熔承插连接的程序（过程） 连接流程为：检查→切管→清洁接头部位→管件套入管子→校正→通电熔接→冷却。

（1）切管。管材的连接端要求切割垂直，以保证有足够的熔融区。常用的切割工具有旋转切刀、锯弓、塑料管剪刀等；切割时不允许产生高温，以免引起管端变形。

（2）清洁接头部位并标出插入深度线。用细砂纸、刮刀等刮除管材表面的氧化层，用干净棉布擦除管材和管件连接面上的污物；标出插入深度线。

（3）管件套入管子。将电熔管件套入管子至规定的深度，将焊机与管件连接好。

（4）校正。调整管材或管件的位置，使管材和管件在同一轴线上，防止偏心造成接头熔接不牢固，气密性不好。

（5）通电熔接。通电加热的时间、电压应符合电熔焊机和电熔管件生产厂的规定，以保证在最佳供给电压、最佳加热时间下、获得最佳的熔接接头。

（6）冷却。由于PE管接头只有在全部冷却到常温后才能达到其最大耐压强度，冷却期间其他外力会使管材、管件不能保持同一轴线，从而影响熔接质量，因此，冷却期间不得移动被连接件或在连接处施加外力。

2. 电熔鞍形连接 适用于在干管上连接支管或维修因管子小面积破裂造成漏水等场合。连接流程为：清洁连接部位→固定管件→通电熔接→冷却。

（1）用细砂纸、刮刀等刮除连接部位管材表面的氧化层，用干净棉布擦除管材和管件连接面上的污物。

（2）固定管件。连接前，干管连接部位应用托架支撑固定，并将管件固定好，保证连接面能完全吻合。通电熔接和冷却过程与承插熔接相同。

（四）热熔连接

1. 热熔承插连接　将管材外表面和管件内表面同时无旋转地插入熔接器的模头中加热数秒，然后迅速撤去熔接器，把已加热的管子快速地垂直插入管件，保压、冷却的连接过程。一般用于4″以下小口径塑料管道的连接。连接流程为：检查→切管→清理接头部位及划线→加热→撤熔接器→找正→管件套入管子并校正→保压、冷却。

（1）检查、切管、清理接头部位及划线的要求和操作方法与UPE管粘接类似，但要求管材外径大于管件内径，以保证熔接后形成合适的凸缘。

（2）加热。将管材外表面和管件内表面同时无旋转地插入熔接器的模头中（已预热到设定温度）加热数秒，加热温度为260℃，加热时间见有关规范规定。

（3）插接。管材管件加热到规定的时间后，迅速从熔接器的模头中拔出并撤去熔接器，快速找正方向，将管件套入管端至划线位置，套入过程中若发现歪斜应及时校正。找正和校正可利用管材上所印的线条和管件两端面上呈十字形的4条刻线作为参考。

（4）保压、冷却。冷却过程中，不得移动管材或管件，完全冷却后才可进行下一个接头的连接操作。

2. 热熔鞍形连接　将管材连接部位外表面和鞍形管件内表面加热熔化，然后把鞍形管件压到管材上，保压、冷却到环境温度的连接过程。一般用于管道接支管的连接。连接流程为：管子支撑→清理连接部位及划线→加热→撤熔接器→找正→鞍形管件压向管子并校正→保压、冷却。

（1）连接前应将干管连接部位的管段下部用托架支撑、固定。

（2）用刮刀、细砂纸、洁净的棉布等清理管材连接部位氧化层、污物等影响熔接质量的物质，并做好连接标记线。

（3）用鞍形熔接工具（已预热到设定温度）加热管材外表面和管件内表面，加热完毕迅速撤除熔接器，找正位置后将鞍形管件用力压向管材连接部位，使之形成均匀凸缘，保持适当的压力直到连接部位冷却至环境温度为止。鞍形管件压向管材的瞬间，若发现歪斜应及时校正。

3. 热熔对接连接　与管轴线垂直的两管子对应端面与加热板接触使之加热熔化，撤去加热板后，迅速将熔化端压紧，并保压至接头冷却，从而连接管子。这种连接方式无需管件，连接时必须使用对接焊机。连接流程为：装夹管子→铣削连接面→加热端面→撤加热板→对接→保压、冷却。

（1）将待连接的两管子分别装夹在对接焊机的两侧夹具上，管子端面应伸出夹具20～30mm，并调整两管子使其在同一轴线上，管口错边不宜大于管壁厚度的10％。

（2）用专用铣刀同时铣削两端面，使其与管轴线垂直、两待连接面相吻合；铣削后用刷子、棉布等工具清除管子内外的碎屑及污物。

（3）当加热板的温度达到设定温度后，将加热板插入两端面间同时加热熔化两端面，加热温度和加热时间按对接工具生产厂或管材生产厂的规定，加热完毕快速撤出加热板，接着操纵对接焊机使其中一根管子移动至两端面完全接触并形成均匀凸缘，保持适当压力直到连接部位冷却到室温为止。

四、管道的清洁与试验

管道安装完毕后，按设计要求对管道系统进行强度和严密性试验，检查管道及各连接部件的工程安装质量。

生产管线及给水管道用水作介质进行强度及严密性试验。无压管道进行灌水（闭水）试验以测定渗水量，环境温度低于5℃时不能做水压试验。

试验前，不能参与试验的系统、设备、仪表及管道附件拆除或加以隔离，绘制试验范围的系统图、注明盲板、试压用压力表、进水（气）管、切断阀门及试压泵位置。试验前的准备工作如下。

（1）后背安装。根据总顶力的大小，预留一段沟槽不挖，作为后背（土质较差或低洼地段可作人工后背）。后背墙支撑面积，应根据土质和试验压力而定，一般土质可按承压 $15t/m^2$ 考虑。后背墙面应与管道中心线垂直，紧靠后背墙横放一排枋木，后背与枋木之间不得有空隙，如有空隙则要用砂子填实。在横木之前，立放3～4根较大的枋木或顶铁，然后用千斤顶支撑牢固。试压用的千斤顶必须支稳、支正、顶实。以防偏心受压发生事故。漏油的千斤顶严禁使用。试压时如发现后背有明显走动时，应立即降压进行检修，严禁带压检修。管道试压前除支顶外，还应在每根管子中部两侧用土回填1/2管径以上，并在弯头和分支线的三通处设支墩，以防试压时管子位移而发生事故。

（2）排气。在管道纵断面上，凡是高点均应设排气门，以便灌水时适应排气的要求。两端管堵应有上下两孔，上孔用以排气及试压时安装压力表，下孔则用以进水和排水。排气工作很重要，如果排气不良，既不安全，也不易保证试压效果。必须注意使用的高压泵，其安装位置绝对不可以设在管堵的正前方，以防发生事故。

①打开枢纽总控制阀和待冲洗的阀门，关闭其他阀门，然后启动水泵对主、支管进行冲洗，直到管末端出水清洁为止。

②打开一个轮灌组分干管进口和末端阀门，关闭干管阀门进行支管冲洗，直到末端出水清洁为止。

③打开该轮灌给支管进口和末端阀门，关闭该轮灌组分干管进行支管冲洗，直到末端出水清洁为止。然后进行下一个轮灌组的冲洗，在冲洗过程中，必须遵循先开后关的原则进行冲洗，避免压力过高，冲洗过程中随时检查管道情况，并做好冲洗记录。

④进行水压试验，因此系统只能在主管、干管中进行水压试验，试压的水压力不小于系统工作压力的1.25倍，并保持10min，随时观察管道及附属件的无渗、漏、破等现象，作好记录并及时处

理，直到合格为止，整个升压过程应缓慢控制。

⑤试验过程中升压速度应缓慢，分级试压，设专人巡视和检查试验范围的管道情况。

⑥试验用压力表必须是经校验合格的压力表，量程必须大于试验压力的 1.5 倍以上。压力表数量设两块。

⑦试验合格后，试验介质的排放根据现场实际情况排放干净。

⑧试验完成后拆除试验用盲板及临时管线，核对试压过程中的记录，并认真仔细填写《管道系统试验记录》交给有关人员认可。

⑨管道系统强度试验合格后，分系统对管线进行清洗。

第二节　机电设备及安装工程

一、控制柜安装

电气控制柜的施工调试在安装电气控制柜过程中若安装在震动场所应按设计要求采取防震动措施。施工过程中电气控制柜中的所有设备要求接地良好使用短和粗的接地线连接到公共接地点或接地母排上 plc 的接地要采用第三种接地方式最好是专用接地也可以共用接地但是绝对不能公共接地。电气闭锁动作应准确、可靠。二次回路辅助开关的切换接点应动作准确接触可靠。电机电缆应与其他控制电缆分开走线其最小距离为 500mm。如果控制电缆和电源电缆交叉应尽可能使它们按 90°角交叉。

同时在施工过程中要根据电气控制柜的特点和要求先分别进行调试最后再做联机统调使电气控制柜整个系统的功能、性能都达到设计和使用要求。电气控制柜安装与接线要按图施工，图纸包括电气原理图、安装布置图和电气接线图。施工工艺要符合技术要求，讲究认真、细致、规范以保证电气控制柜的质量。电气控制柜的系统调试要依照由简单到复杂、由局部到整体的原则分阶段依次进行空操作（主电路不通电）、空载试验（电动机不带机械负载）和负载调试逐步完成系统调试任务。

例如恒压供水电气控制柜上装有 plc、变频器和传统低压电器分别组成 plc 控制系统、变频器控制系统和继电器接触器控制系统 3 个分系统要根据它们各自的特点和要求先分别进行调试最后再做联机统调使电气控制柜整个系统的功能、性能都达到设计和使用要求让用户满意。

二、阀门安装

闸阀、排气阀安装前应检查填料，其压盖、螺栓需有足够的调解余量，操作机械和转动装置应进行必要的调整，使之动作灵活，指示准确，并按设计要求核对无误，清理干净，不存杂物。闸阀安装应保持水平，大口径密封垫片，需拼接时采用迷宫形式，不得采用斜口搭接或平口对接。

（1）法兰盘密封面及密封垫片，应进行外观检查，不得有影响密封性能的缺陷存在。

（2）法兰盘端面应保持平整，两法兰之间的间隙误差不应大于 2mm，不得用强紧螺栓方法消除歪斜。

（3）法兰盘连接要保持同轴，螺栓孔中心偏差不超过孔径的 5%，并保证螺栓的自由出入。

（4）螺栓应使用相同的规格，安装方向一致，螺栓应对称紧固，紧固好的螺栓应露出螺母之外 2～3 扣。

（5）严禁采用先拧紧法兰螺栓、再焊接法兰盘焊口的方法。

（6）安装阀门的质量直接影响后期使用，必须认真操作。

①方向和位置。许多阀门具有方向性，如截止阀、节流阀、减压阀、止回阀等，如果装倒装反，就会影响使用效果与寿命（如节流阀），或者根本不起作用（如减压阀），甚至造成危险（如止回阀）。一般阀门，在阀体上有方向标志；万一没有，应根据阀门工作原理正确识别。截止阀的阀腔左右不对称，流体要让其由下而上通过阀口，这样流体阻力小（由形状所决定），开启省力（因介质压力向上），关闭后介质不压填料，便于检修，这就是截止阀为什么不可装反的道理。其他阀门也有各自的特性。

阀门安装位置，必须方便操作：即使安装时困难些，也要为操作人员的长期工作着想。最好阀门手轮与胸口取齐（一般离操作地坪1.2m），这样，开闭阀门比较省劲。落地阀门手轮要朝上，不要倾斜，以免操作不顺手。靠近墙体、机器、设备的阀门，也要留出操作人员站立的余地。要避免仰天操作，尤其是酸碱、有毒介质等，否则很不安全。

闸门不要倒装（即手轮向下），否则会使介质长期留存在阀盖空间，容易腐蚀阀杆，而且为某些工艺要求所禁忌。同时更换填料极不方便。

明杆闸阀，不要安装在地下，否则会因潮湿而腐蚀外露的阀杆。

升降式止回阀，安装时要保证其阀瓣垂直，以便升降灵活。

旋启式止回阀，安装时要保证其销轴水平，以便旋启灵活。

②施工作业。安装施工必须小心，切忌撞击脆性材料制作的阀门。

安装前，应将阀门作一检查，核对规格型号，鉴定有无损坏，尤其对于阀杆。还要转动几下，看是否歪斜，因为运输过程中，最易撞歪阀杆。还要清除阀内的杂物。

对于阀门所连接的管路，一定要清扫干净。可用压缩空气吹去氧化铁屑、泥沙、焊渣和其他杂物。这些杂物，不但容易擦伤阀门的密封面，其中大颗粒杂物（如焊渣），还能堵死小阀门，使其失效。

安装螺口阀门时，应将密封填料（线麻加铅油或聚四氟乙烯生料带），包在管子螺纹上，不要弄到阀门里，以免阀内存积，影响介质流通。

安装法兰阀门时，要注意对称均匀地把紧螺栓。阀门法兰与管子法兰必须平行，间隙合理，以免阀门产生过大压力，甚至开裂。对于脆性材料和强度不高的阀门，尤其要注意。须与管子焊接的阀门，应先点焊，再将关闭件全开，然后焊死。

③保护措施。有些阀门还须有外部保护，这就是保温和保冷。保温层内有时还要加伴热蒸汽管线。什么样的阀门应该保温或保

冷，要根据生产要求而定。原则上说，凡阀内介质降低温度过多，会影响生产效率或冻坏阀门，就需要保温，甚至伴热；凡阀门裸露、对生产不利或引起结霜等不良现象时，就需要保冷。保温材料有石棉、矿渣棉、玻璃棉、珍珠岩、硅藻土、蛭石等；保冷材料有软木、珍珠岩、泡沫、塑料等。

④旁路和仪表。有的阀门，除了必要的保护设施外，还要有旁路和仪表。安装了旁路。便于疏水阀检修。其他阀门，也有安装旁路的。是否安装旁路，要看阀门状况，重要性和生产上的要求而定。

直径大于 65mm 的塑料管道与阀门连接时，宜采用法兰连接。聚氯乙烯管材可用配套塑料法兰接头先与管材黏合并达到一定强度后，再与金属阀门连接。聚乙烯管材则应自制法兰连接管。自制的法兰连接管外径要大于塑料管内径 2～3mm，长度不小于 2 倍管径，一端加工成倒齿状，另一端牢固焊接在法兰一侧。然后将塑料管端加热后及时套在带倒齿的接头上，并用管箍上紧。直径小于 65mm 的管道可用螺纹连接，并装活接头。阀门要安装在底座上，底座高度以 10～15cm 为宜。截止阀与逆止阀要按流向标志安装，不得反向。塑料阀门安装用力应均匀，不得敲碰。

⑤旁通安装。安装前应检查旁通管外形，清除管口飞边、毛刺，抽样量测插管内外径，符合质量要求可安装。

三、传感器安装

（一）安装前准备

⚠危险：气象产品应该由相关专业从业人员进行安装。非专业从业人员不允许安装设备。

⚠警告：确保设备在安装、转移或使用过程中不遭受机械外力的冲击和碰撞。请勿旋转、拉伸、撞击、弯曲、刮擦或使用尖锐物体触碰探头，这样可能损坏传感器。

（二）安装须知

⚠危险：为保护人员（和气象设备）安全，必须安装避雷针并使尖端距离设备上方至少1m。避雷针必须良好接地，符合国家安全法规。请不要将气象设备安装在避雷针顶部之上。

⚠警告：如果安装点附近经常出现雷击，则在不同设备（传感器、变送器、电源和显示器）之间使用较长的电缆可能产生致命的浪涌电压。请务必按电气规范要求进行正确的接地。

找到一个合适的安装位置对于获得有效的气象测量值很重要。该位置应选择在开阔的区域，建议按照《WMO气象仪器和观测方法指南》（WMO第八版）的要求进行操作。

（1）为延长设备的使用寿命、确保设备的正常运行，选择设备安装位置时请注意以下事项：

①立柱安装地面应结实稳固。

②设备安装位置应便于维护。

③电源应稳定可靠，满足长期运行的要求。

④通过无线通信网络传输数据时应保证网络覆盖良好。

注：传感器测量结果仅适用于设备安装点，不能扩大到其他区域。

（2）安装设备到立柱上时，必须使用质量可靠的线材和立柱，同时需要注意以下事项：

①必须遵守在此高度下作业有关的各项规范。

②合理选择立柱尺寸并正确固定。

③立柱必须按照规定进行接地。

④在路边或靠近公路处作业时，必须遵守相关的各项安全规范。

（3）如果设备安装错误，则出现以下现象：

①设备可能无法工作。

②设备可能永久损坏。

③如果设备跌落，可造成危险或伤害。

（三）安装位置选择

（1）传感器安装需要满足以下要求：

①尽可能安装在立柱顶端；

②建议安装高度距地面至少 2m；

③传感器周围应空旷，没有遮挡物。

（2）同时需要注意以下事项：

①建筑、桥梁、堤岸和树木都可能会破坏风的测量准确性。同样，路过的车辆带来的气流也会影响对自然风的测量（请加高安装高度，避免车辆的影响）。

②如果集成了罗盘功能，为了准确地读出罗盘，建议使用铝合金立柱。

③如带测雨的传感器，安装传感器要距离移动物体（如树木、灌木和桥梁）至少 10m（同一高度上）。下落或活动物体，如落叶或被风带起的树叶，都可造成测量出错和降水类型判断出错。

④如带太阳总辐射的传感器，必须安装在立柱顶端。安装高度尽量选择有 360°开放视野的、无阴影的位置。投影物体（树木，建筑物）距离传感器至少 10 倍于该物体的高度。

⑤如果把仪器安装在靠近高能雷达或无线发射器的旁边时，最好进行现场勘测，以确定彼此是否产生电磁干扰。建议和周围一些无线电接受天线保持如下距离：

VHF IMM——1m，

MF/HF——5m，

Satcom——5m。

⑥在同一安装点附近安装相同设备时，请确保两个设备之间的距离至少为 10m。

（四）安装固定

根据不同的安装点，以及仪器设备的底座结构，用户可根据实际需要，灵活地选择安装方式，但必须保证仪器水平放置，固定牢固。

新型一体化微型空气站是高度集成化大气监测产品。该产品性能可靠、稳定，具体优点如下：

①高集成度。单机最多可集成雨量（或光照）、超声波风速、

风向、温度、湿度、压力、PM2.5、PM10、噪声、7 种气体监测等 16 个参数。

②紧凑。包含安装架尺寸仅为：直径 160mm，高度 448mm（图 5－4）。

③在国内率先采用了光学雨量计，与原压电式雨量计相比具有测量范围广、分辨率高等优势。

④采用微型主动式循环装置，确保百叶窗内外测量环境一致。

⑤采用多种制造技术互相配合，保证微型站在严酷的户外环境坚固耐用；传感器壳体经多次测试应用高强度工程塑料及玻纤融合技术铸膜生产，气体传感器模块采用了数控中心对系统腔体进行加工，以保证严格的密封性。

⑥外观及尺寸。微型空气气象站的外观及尺寸如图 5－4 所示。

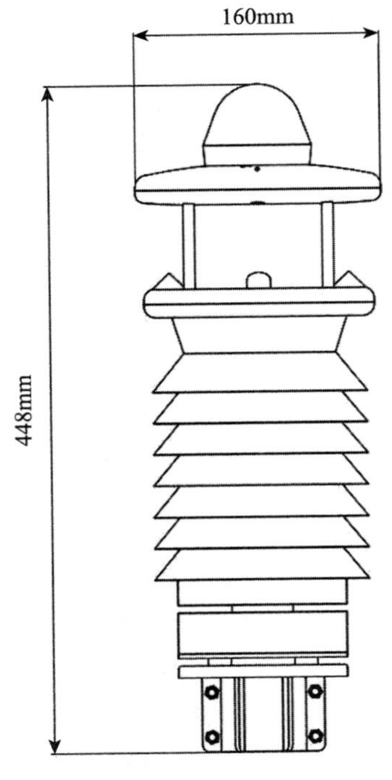

图 5－4　微型空气气象站

新式微型空气站安装简便可靠，默认套用直径 50mm 管，用螺栓拧紧（图 5－5）。

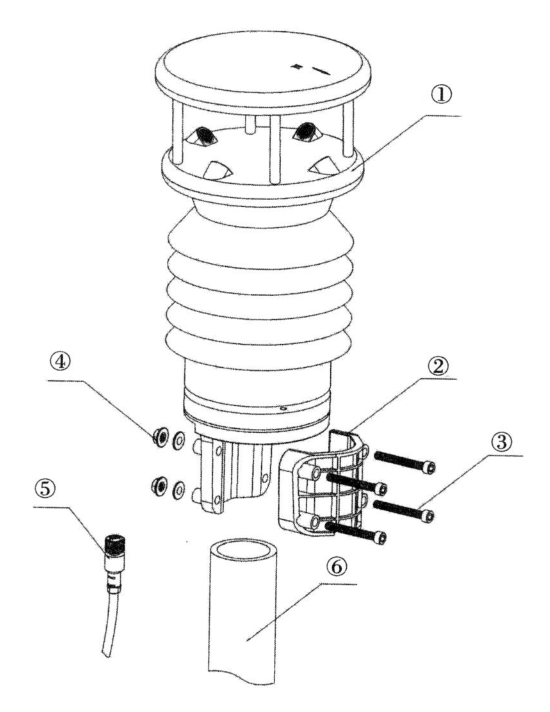

图 5－5　微型空气站安装示意图
①仪器设备　②固定底座　③固定螺栓
④固定螺母　⑤航插头及通信电缆　⑥50 安装杆

（五）方向测定

风向的测定与仪器的安装位置有很大的关联。在安装过程中，仪器顶部的指示箭头“N”相对应于仪器的 0°相位，按俯视顺时针方向 0°～360°递增。在固定仪器之前，必须使用高精密度的方向测定仪器先测定某个固定方向作为参照，“零位”指示箭头依据这个方向来确定仪器的安装方位。通常选择指北安装（或者指向其他方向安装），然后固定好仪器（图 5－6）。

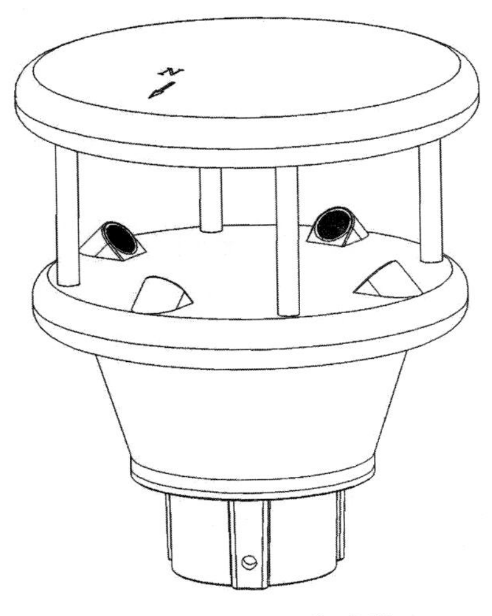

图 5-6　气象传感器

（六）航插、电缆接线和 D/A 模块

根据产品的分类和结构造型，目前常用的连接航插主要有四芯和八芯两种类型，其他非常规的航插及接线方式不在此说明。

1. 四芯航插及电缆（图 5-7）

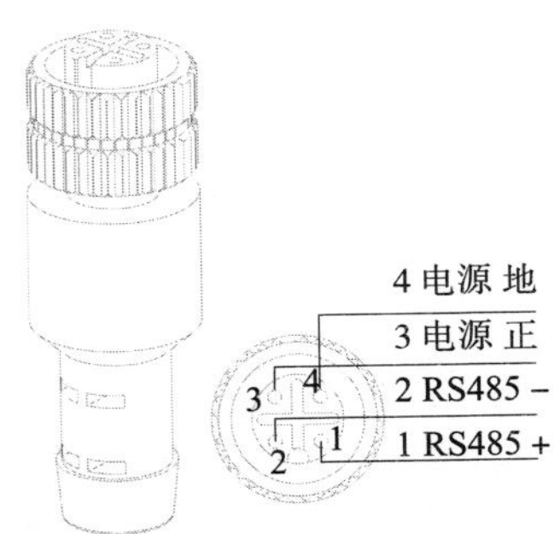

编号	接线颜色	定义	备注
1	棕色	RS485A/RS232 RXD	数字输出，连接DCS、D/A转换模块及其他终端
2	蓝色	RS485B/RS232 TXD	
3	红色	电源　正	12～30V DC
4	黑色	电源　地	

图 5-7　四芯电缆连接示意图

⚠注意：电缆屏蔽层无需再次接地，其中灰色代表接地线。

2. 八芯航插及电缆（图 5－8）

连接器编号	接线颜色	信号类型	备　注
电源			
7	红色	工作（加热）电源　正	12～30V DC；如果带有加热功能，输入电压须为 24V DC，依加热功率大小，电流选择输出 5～10A
8	黑色	工作（加热）电源　地	
模拟输出			
1	黄色	风速正	选择输出电压、电流及脉冲信号
2	绿色	风速负	
3	灰色	风向正	选择输出电压、电流及占空比信号
4	白色	风向负	
数字输出			
1	棕色	RS 485＋	连接 DCS、D/A 转换模块及其他终端
2	蓝色	RS 485－	

⚠ 注意：电缆屏蔽层无需再次接地。

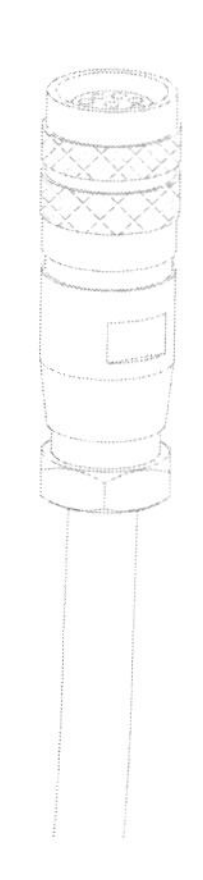

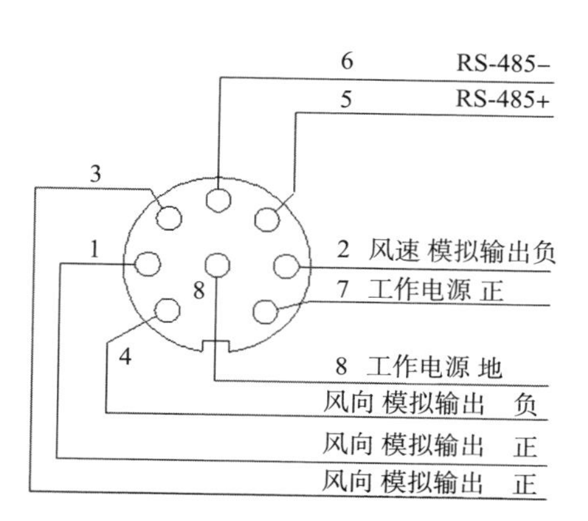

图 5－8　八芯电缆连接示意图

3. 主要部件一览（图 5－9）

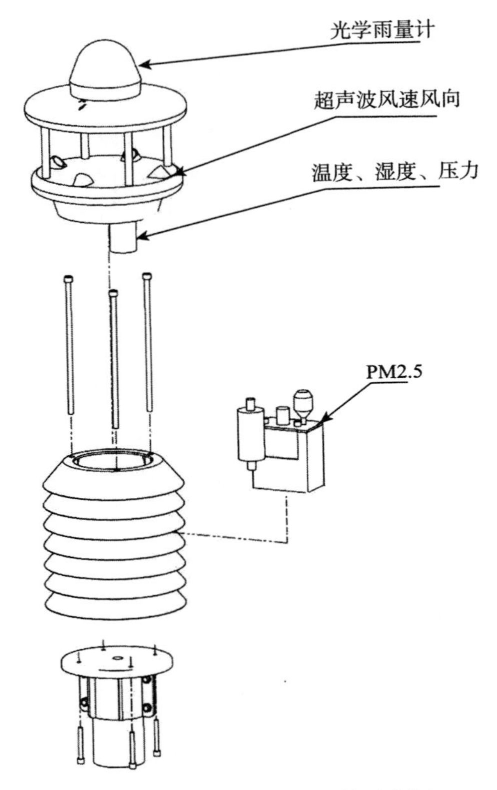

图 5－9　微型空气站安装示意图

（七）土壤传感器安装与测量

由于电极直接测定土壤中的可溶盐离子的电导率，因此土壤体积含水率需高于约 20%时土壤中的可溶离子才能正确反映土壤的电导率。长期观测，灌溉或降水后的测量值更接近真实水平。如果进行速测，可先在被测土壤处浇水，待水分充分渗透后进行测量。

1. 快速测量法　选定合适的测量地点，避开石块，确保电极不会碰到石块之类坚硬物体，按照所需测量深度刨开表层土，保持下面土壤原有的松紧程度，握紧传感器垂直插入土壤，插入时不可前后左右晃动，确保与土壤紧密接触。一个测点的小范围内建议测多次求平均值。

2. 埋地测量法　根据需要的深度，垂直挖直径大于 20cm 的坑，深度按照测量需要，然后在既定深度将传感器钢针水平插入坑壁，将坑填埋压实，确保电极与土壤紧密接触。稳定一段时间后，即可进行连续数天、数月乃至更长时间的测量和记录。

如果在较坚硬的地表测量时，应先钻孔（孔径应小于探针直径），再插入土壤中并将土压实然后测量；传感器应防止剧烈振动和冲击，更不能用硬物敲击。由于传感器为黑色封装，在强烈阳光的照射下会使传感器急剧升温（可达 50℃以上），为了防止过高温度对传感器的温度测量产生影响，请在田间或野外使用时注意遮阳与防护。

（八）土壤温度湿度电导率传感器

土壤温度、湿度一体传感器性能稳定、灵敏度高，是观测和研究盐渍土的发生、演变、改良及水盐动态的重要工具（图 5－10）。通过测量土壤的介电常数，能直接稳定地反映各种土壤的真实水分含量。

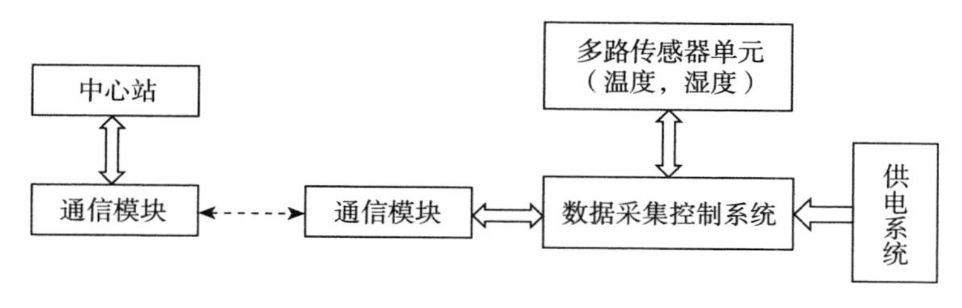

图 5－10　土壤墒情监测原理图

1. 设备选型

①基于电化学分析的测量方法，自带介电原理土壤湿度传感器及 LPTC 温度传感器。

②当测量类型为土壤盐分（EC）时，使用温湿补偿型电

极。该电极具备结构简单、性能稳定、响应速度快、受土壤湿度影响较小等优点，是观测和研究盐渍土及水盐动态的重要工具。

③使用高性能处理器，针对每个探头进行单独标定。用户只需通过简单的电压、电流采集即可得到被测土壤信息，一般无须进行二次标定。

④采用线性传感器器件以及数字补偿方式，精度较高，温度、湿度可单独输出。

⑤采用功耗管理策略，在降低功耗的同时加强对探头电极的保护，使电极的极化现象放缓，有效延长探头使用寿命。（针对电压输出型可提供低功耗解决方案）

⑥可定制 RS485 数字输出方式，支持 MODBUS 标准指令（04 号读寄存器指令）。

⑦具备电源线、地线、信号线三向保护功能，可防护因反接、短路等造成的损毁。

⑧土壤含水率和温度两参数合一；完全密封，耐酸碱腐蚀，可埋入土壤或直接投入水中进行长期动态检测；精度高，响应快，互换性好，探针插入式设计保证测量精确，性能可靠；完善的保护电路与多种信号输出接口可选。

土壤传感器精度高、功耗低、响应时间快、串口输出。实物图见图 5-11，实物尺寸见图 5-12，实物安装见图 5-13。

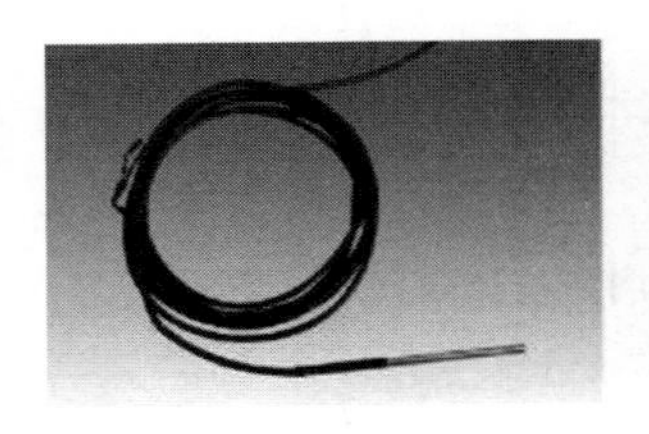

a

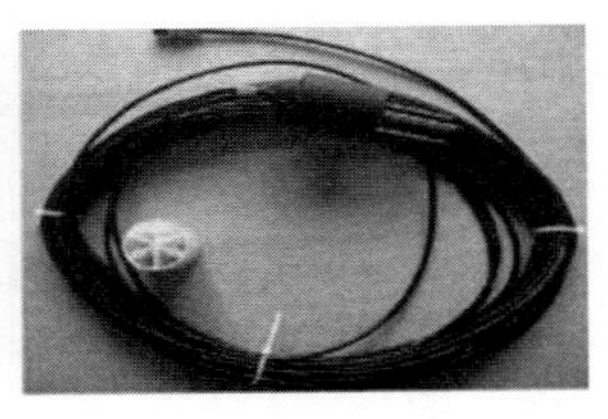

b

图 5-11　土壤温湿度传感器

a. 土壤温度传感器　b. 土壤湿度传感器

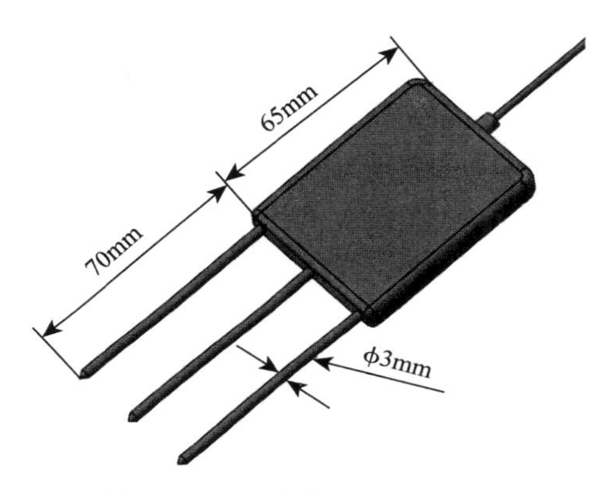

图 5-12　土壤传感器实物尺寸

图 5-13　土壤传感器实际安装示意图

2. 设备参数

具体设备参数如表 5-1 所示。

表 5-1 设备参数

土壤温度	湿度测量范围：0～100%Vol 土壤体积含水量 准确度：±2%土壤体积含水量 分辨率：0.1%体积含水量 温度测量范围：－50～80℃ 准确度：±0.2℃ 分辨率：0.1℃ 工作环境：温度：－50～＋80℃，湿度：0%～100% 温度测量通道：0～16 路/32 路（可选） 存储容量：标配 2G 内存卡，有效数据存储 5 年 供电方式：市电或蓄电池方式
土壤湿度	湿度测量范围：0～100%Vol 土壤体积含水量 准确度：±2%土壤体积含水量 分辨率：0.1%体积含水量 温度测量范围：－50～80℃ 准确度：±0.2℃ 分辨率：0.1℃ 工作环境：温度：－50～＋80℃，湿度：0%～100% 湿度测量通道：0～16 路/32 路（可选） 温度测量通道：0～16 路/32 路（可选） 存储容量：标配 2G 内存卡，有效数据存储 5 年 供电方式：市电或蓄电池方式
电导率	湿度测量范围：0～100%Vol 土壤体积含水量 准确度：±2%土壤体积含水量 分辨率：0.1%体积含水量 电导率测量范围：0～19.9mS/cm 准确度：±0.1mS/cm 分辨率：0.1mS/cm 工作环境：温度：－50～＋80℃，湿度：0%～100% 湿度测量通道：0～16 路/32 路（可选）

（续）

电导率	温度测量通道：0～16 路/32 路（可选） 存储容量：标配 2G 内存卡，有效数据存储 5 年 供电方式：市电或蓄电池方式

3. 功能特点

①采集控制系统采用高性能微处理器，大容量数据存储器（5年正点数据存储）。

②工业控制标准设计，便携式防震结构。

③可连续监测土壤的水分和温度，自动完成数据采集、处理与传输。

④耐腐蚀，适于各类土壤的水分测量。

⑤性价比高，可测量土壤的不同深度剖面含水量（多达 12 层）。

⑥性能稳定，可靠性高，免维护。

⑦支持多种工业通信方式，易组网系统。

4. 设备安装　选定合适的测量地点，避开石块，确保钢针不会碰到石块之类坚硬物体，按照所需测量深度刨开表层土，保持下面土壤原有的松紧程度，握紧传感器体垂直插入土壤，插入时不可前后左右晃动，确保与土壤紧密接触。一个测点的小范围内建议测多次求平均值。

地面支撑结构（水泥地基的浇筑）根据安装图纸，在欲安装气象站的地点选择一块 1m^2 的平地，浇筑一个深度约为 40cm 的水泥地基。浇筑水泥地基时要将配备的地脚螺栓插到水泥中，露出 5～10cm 的丝纹。

（九）数据采集网关

断网续传网关（以下简称采集器）为其他工业产品提供了快速、大容量、可靠的数据记录方案。系统采用全隔离方案，支持常规工业通信接口（RS232/RS485/CAN/RS422），集合数据采集+数据传输为一体，可灵活应用在有线网络/无线网络的环境中，在满足常规的应用环境情况下，可以实现在网络系统故障时，持续监测下位机多个传感器数据，网络系统恢复时，服务器端可通过下发指令，读取任意时间段内的数据（图 5－14、图 5－15）。

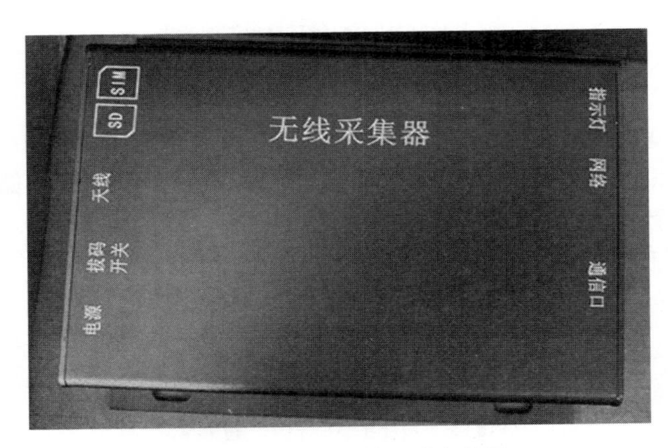

图 5－14　断网续传网关实物图

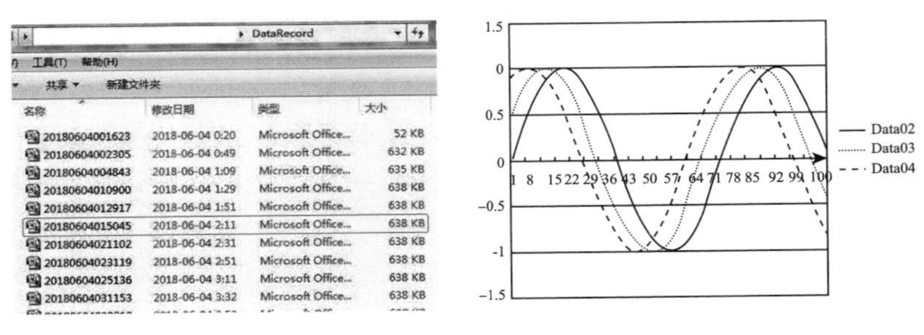

图 5－15　断网续传网关记录数据样式

由于现场应用环境非常复杂，本产品难以满足所有的工矿需求。故本产品支持定制开发，仅收取少量人工成本。

1. 设备参数

①供电电压：DC7～40V（建议 DC12V，1A 电源供电，纹波不大于 350mV）。

②功耗：小于 2W　典型值（DC12V×100mA＝1.2W）。

③浪涌防护等级：线地±2kV。

④隔离电压等级：不小于 1 500V。

⑤脉冲群：峰值为±2kV，Tr/Th 为 5/50ns，重复频率为 5kHz。

⑥静电放电：±6kV（接触放电），±8kV（空气放电），依据 GB/T 24338.4—2009。

⑦最大外形尺寸：104mm×120mm×28mm（长×宽×高）。

⑧质量：120g。

⑨SD 卡最大容量：16G。

⑩工作温度范围：−40～85℃。

2. 设备性能

①采用贴片有源晶振、强电磁干扰情况下，温度漂移和抗干扰性能更强。

②沉金 PCB 设计，抗氧化，易于保证焊接质量。

③具备可靠的电磁兼容性能，具备过压、过流、反接等保护，配备独立的抗浪涌、抗脉冲群、抗静电硬件电路。

④断网续传网关独立安装设计，便于拆卸，便于使用。

⑤具备设备独立，存储量大，数据无需解析可直接生成图表等优点。

⑥通信接口支持：RS232/RS485/CAN/RS422。

⑦系统参数可设置：待设置参数可掉电不丢失和掉电丢失。

⑧具备 RTC 实时时钟，文件均以时间命名，数据记录时间可追溯。

⑨满足工业级设计需求，配合宽温工业级 SD 卡，可应用于对电磁环境、温度要求苛刻的工业现场。SD 卡推荐宇瞻（Industrial SD，4G，−40～85℃）。

⑩支持网络透传功能，简单可靠。

⑪多种参数设置方式：网络，串口命令字指令，串口临时指令模式设置。

⑫离线缓存多组数据，每条数据以自定义包头＋时间戳＋数据＋校验的方式保存。

⑬大容量存储区，数据滑动清除，全方位保障数据的完整性。

3. 机械接口

①记录仪两侧有安装座，四角位置有 4 组 M3 螺栓安装孔。

②电源接口采用 3P 连接器。

电源接口定义见表 5－2。

表 5－2　电源接口定义

接　口	引脚序号	引脚代号	注　释	备　注
H3.81×3 电源接口	1	E	大地	能量泄放大地
	2	VIN	电源正	H3.81×3 端子，DC7～30V，具备反接保护
	3	GND	电源输入地	

4. 通信接口　通信接口采用标注 DB-9 母头连接器（表 5－3）。

表 5－3　通信接口定义

接　口	引脚序号	引脚代号	注　释	备　注
DB-9 通信接口	2	T	存储模块数据发送	RS232 通信接口
	3	R	存储模块数据接收	
	5	G	信号地	CAN 通信接口
	6	H	CAN 高位数据线	
	1	L	CAN 低位数据线	
	7	A	数据接收＋	RS422/RS485 接口　仅使用 RS485 接口时候，只需直接连接 7、8 引脚
	8	B	数据接收－	
	9	Y	数据发送＋	
	4	Z	数据发送－	

5. SD 卡接口　断网续传网关采用标准 SD 卡（相机卡），其对应卡座采用自弹式，可以方便插拔、更换 SD 卡。SD 卡接口位于电源插座旁。

6. 拨码开关（表 5－4）

表 5－4　通信接口定义

名称	功能	备注
M1	RS232 通信接口选择	M1＝0：MCU＜－＞4G 传输，MCU＜－＞DB9 传输；（MCU 参数配置和 4G 传输模式） M1＝1：DB-9＜－＞4G 接口；（4G 参数配置模式）
M2	—	—
M3	网络连接方式选择	ON＝有线网络 OFF＝4G 网络
B0	启动方式设置	ON＝程序升级选择（厂家使用） OFF＝正常启动（默认）

7. LED 指示灯　断网续传网关共 2 个 LED 指示灯（表 5－5），分别是电源和工作指示，功能描述如表所述。系统上电后进行自检，LED 指示灯常亮。自检完成并通过，LED 指示灯常灭，等待接收数据。

表 5－5　LED 指示灯定义

名称	功能	备注
LINK	4G 网络连接至服务器	连接至服务器后，常亮
DAT	4G 数据传输	有数据传输时，闪烁
NET	4G 网络连接	连接至无线网络，闪烁
RUN	运行状态	运行状态指示
PS	电源	通电常亮
WOR	4G 工作状态	闪烁＝工作正常

8. 设备功能

（1）被动上传模式。被动上传模式指的是存储器工作在 DTU 模式，将 RS485 和网络（4G 或有线网络）进行相互转换。收到 4G 或有线网络数据后，会将其完全透传输出至 RS485 接口，进而传输给传感器。传感器通过 RS485 返回数据给存储器后，存储器通过 4G 或有线网络传输至服务器。同时，存储器将收到的数据存储在 SD 卡中。

（2）自动上传模式（默认）。自动上传模式指的是存储器工作在自主运行模式，存储器按照设置的周期，轮训发送 10 组指令区中的指令（已使能指令）。如果收到传感器的返回数据，存储器会将其存储在 SD 卡中，并通过 4G 或有线网络，按照指定的传输协议（参照通信协议文件）转发至服务器。如果由于外部原因，存储器没有连接至服务器，则存储器工作在离线存储模式。收到的传感器数据，不仅存储在 SD 卡中，还会存储在内部 flash 中，存储的规则按照协议。如果再次连接至服务器，则服务器可以通过 4G 或有线网络读取离线过程中的数据。

9. 存储逻辑

①4G 和有线网络（TCP/IP）功能完全一致，所有通信协议和指令通用。

②4G 功能部分是独立的第三方模块，如需设置，可通过软件对其进行参数配置，如远端服务器 IP、端口、心跳包等参数。

③存储器自身的功能（除 4G 参数部分）均通过 DB9 引出的 RS232 进行设置，如指令区内容及开关、网络接口参数、RS485 接口参数、通信周期等。

④离线网络数据读取，需要通过网络接口实现，RS232 接口会同步打印输出离线存储信息。

⑤存储器通过定时接收服务器的数据包，判断自身是否在线，即是否连接至服务器，服务器可以定期（25S）给存储器发送数据。4G 和有线网络均通过此方法判断。

⑥存储器定时 1min 发送一次心跳数据给服务器，用于判断存储器生命信号和离线存储序号，预留给读取离线数据使用。

第六章　芒果水肥一体化智能化管理系统建设

——以三亚福返芒果基地为例

第一节　芒果水肥一体化数据管理中心建设（一中心）

一、数据管理中心简介

在数据中心建设服务器、UPS、交换机等设备为数据的交换存储提供基础。在中心站建设计算机网络，主要职责是综合决策制定项目区内智能节水灌溉方案，并全面负责整个示范区的智能节水灌溉状况。数据中心负责将示范区内现场监控的所有信息进行集中管理。

二、主要功能

1. 自动化数据采集　自动化数据采集是信息数据的主要获取方式，通过田间物联网测控终端设备，实时采集作物生长数据，再通过平台数据分析，远程操控田间水肥一体化设备，按需精准浇水施肥作业，可以实现水情、气象、环境等信息数据的采集，并实时指导客户进行生产作业。

2. 查看视频监控　利用网络通信技术和数据采集技术等相关物联网技术，用户可以通过网络实时查看示范区内人员的工作情况和作物的生长状态。为了保证水资源的优化配置，视频监控功能还能对示范区的自动控制和远程集中控制进行及时、准确的统一调度。

3. 数据分析整理储存 依托示范区采集到的数据对整个示范区的信息进行掌控，还可进行自动配水和智能控制。因此，必须做好数据分析归类等工作。

第二节 芒果水肥一体化可视化大数据平台建设（一平台）

一、可视化大数据平台概述

可视化大数据平台拥有强大的数据源整合能力，支持集成各业务系统数据，按照用户的业务需求进行多维度可视化并行分析。平台提供多种类型的图表组件，还可根据用户需求进行可视化大屏模板和组件风格定制服务，帮助用户洞悉复杂数据背后的关联关系。

该平台可以通过智能感知，对农作物整个灌溉过程进行全程管理和监控，提供农业生产的环境数据采集、远程视频监控、在线专家系统、作物批次管理、智能灌溉、农业专家管理、种植过程管理等多项功能；构建与物理农业形态同步运行的平行农业，通过实际与人工系统的不断比对与交互进行农业生产过程的平行管理；通过网络、手机等社会传感手段感知人的个体和群体的需求和经验，使得人和系统的农业知识与经验在系统应用中通过智能技术学习和升级，进而指导农业产前、产中、产后的规划。

平台主要负责接收和发送各个监控点采集的数据（包含机井监控信息、田间设备信息、土壤墒情预报信息、近地小气候环境信息、气象信息等所有数据）。可视化大数据平台建成之后，在指挥中心能看到 1 500 亩项目区内的生产环境监测信息和视频监控信息，还能对所有的信息进行整编、分析，形成适应海南省三亚市汉都芒果园数字农业智能水肥一体化业务需求的各类报表、图形，为决策的调度提供数据基础。

平台通过对泵站、可控灌溉阀门等设施设备的状态、控制、流量以及雨情、风情、温度等气象信息的实时采集，经过可编程控制器的逻辑判断和处理，实现基于预定控制模型的自动灌溉和自动控制，并自动形成数据报表及相应的统计信息报表等，同时还可选择实现远程登录访问功能。

平台通过运行灌溉管理软件，可以实现灌溉计划管理、灌溉预警管理、灌溉调度管理、远程自动化控制管理等功能。

平台通过接收监测站和人工监测实时数据，实现灌区的水情、雨情、墒情，以及实时信息、历史数据的存储和整理，为用户提供实时遥测数据显示和历史数据查询等服务。此外，平台还可根据灌区的雨情和墒情等信息进行土壤墒情预报，预报精度直接关系到配水调度决策是否科学合理。具体做法是根据土壤分布类别、作物种植及生长周期、灌溉定额等信息，按照系统对应灌溉面积生成干支管道灌水制度的配水计划。综合考虑来水情况和土壤墒情初步确定灌溉调度方案，通过方案优选功能，以灌溉效益最大为目标函数对灌溉调度方案进行优选。用户可以根据实际情况，为各影响因素设置相应的权重，系统将根据用户的选择确定最优方案（图 6－1）。

图 6－1 平台展示及现场控制

二、平台功能

1. 示范区环境数据采集 示范区综合管理，所有监控点直观显示，监测数据一目了然。由环境（温湿度等）传感器、数据采集器、云端存储与计算、客户端软件组成的高灵活度智能系统，提供环境指标的监测、存储、显示等功能。

（1）土壤数据。土壤温度、土壤水分、土壤盐分、土壤pH等。

（2）气象数据。空气温度、空气湿度、光照强度、降水量、风速、风向、二氧化碳浓度等。

（3）设备状态。施肥机、水泵压力、阀门状态、水表流量等设备工作状态。

2. 环境数据统计分析 挖掘农业生产过程、环境监测、耕地质量等方面的大数据，用图与地理信息相关的数据直观展示出来，以直观的图表对数据进行分析，为农业管理者提供决策支持。该平台能实现示范区环境数据的集中存储、曲线棒图的对比分析、报表文件的查看等功能。

3. 作物生长视频监控 管理区域内放置360°全方位红外球形摄像机，可清晰直观地实时查看种植区域作物生长情况、设备远程控制执行情况等。

增加定点预设功能，可有选择地设置监控点，点击即可快速转换呈现视频图像。

4. 预警预报提示 设置作物生长环境或作物灌溉安全参数，高于或低于阈值时，报警系统提示或启动，同时也会提供一些相关灌溉设备操作不当以及模拟量越限的报警提示。

报警信息会显示在上位机中控平台和现场控制节点，报警系统会将田间信息通过手机短信或弹出到主机界面两种方式告知用户。用户可通过视频监控查看田间情况，然后采取合理方式应对具体问题。

第三节 芒果水肥一体化应用业务系统建设（一张网）

一、芒果水肥一体化系统（PC/APP端）建设

（一）系统概述

芒果水肥一体化系统是借助压力系统，将可溶性固体或液体肥

料按种植园区土壤养分含量和果树的需肥规律及特点配兑成的肥液与灌溉水一起，通过可控管道系统使水肥相融并进行输送，通过管道、灌水器等形成滴灌，均匀、定时、定量地在果树生长区域进行施水，使主要生长区域土壤始终保持疏松和适宜的含水量，同时根据果树的需肥特点、需肥规律、土壤环境和养分含量状况等影响因素进行不同发育期的需求设计，把水分、养分定时定量按比例直接提供给果树。

芒果水肥一体化系统集成在热科院物联网中控展示系统中，由可视化系统、Android端和后台管理三大部分组成。可视化应用以地图和列表的形式展示种植基地各种数据以及控制、统计信息，包括种植基地地图、视频监控、数据监测、设备监管、报警消息、设备控制等功能；Android端主要以展示和控制设备为主，对所管理的种植基地设备进行开关等控制，以及查看设备各项统计数据；后台管理主要是针对种植基地、设备、权限配置、系统的各种配置和管理，包含GIS基地管理、设备管理和系统管理等功能。

（二）建设内容

水肥一体化系统通常包括水源工程、首部枢纽、田间输配水管网系统和灌水器等四部分，实际生产中由于供水条件和灌溉要求不同，施肥系统可能仅由部分设备组成（图6-2）。核心模块、硬件和设备的介绍如下：

1. 水肥一体机　芒果水肥一体机系统结构包括：控制柜、触摸屏控制系统、混肥硬件设备系统和无线采集控制系统，支持PC端以及移动端实时查看数据以及控制前端设备。水肥一体化智能灌溉系统可以帮助生产者方便地实现自动的水肥一体化管理。系统由上位机软件系统、区域控制柜、分路控制器、变送器和数据采集终端构成，通过与供水系统有机结合，实现智能化控制。该系统可实现智能化监测、控制灌溉中的供水时间、施肥浓度以及供水量。传感器（土壤水分传感器、流量传感器等）将实时监测灌溉状态，当灌区土壤湿度达到预先设定的下限值时，电磁阀系统自动开启；当监测的土壤含水量及液位达到预设的灌水定额后，电磁阀系统自动

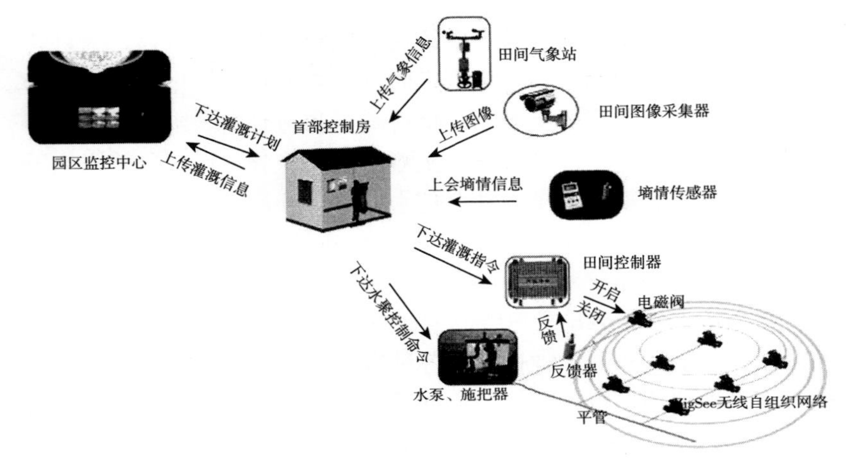

图 6－2　水肥一体化系统构成图

关闭。此外，该系统还可以根据时间段调度整个灌区电磁阀进行轮流工作，并手动控制灌溉。同时，整个系统也能协调实施轮灌，充分提高了灌溉用水效率，达到节水、节电、降低劳动强度和人力投入成本的目的。

2. 施肥系统　芒果水肥一体化施肥系统由灌溉系统和肥料溶液混合系统两部分组成。灌溉系统主要由灌溉泵、稳压阀、控制器、过滤器、田间灌溉管网以及灌溉电磁阀构成；肥料溶液混合系统由控制器、肥料罐、施肥器、电磁阀、传感器以及混合罐、混合泵组成。

3. 输配水管网系统　芒果水肥一体化系统中的输配水管网由干管、支管和毛管组成。干管一般采用 PVC 管材，支管一般采用 PE 管材或 PVC 管材，管径根据流量分级配置，毛管目前多选用内镶式滴灌带，首部及大口径阀门多采用铁件。干管或分干管的首端进水口设闸阀，支管和辅管进水口处设球阀。

输配水管网的作用是将首部处理过的水，按照要求输送到灌水单元和灌水器。毛管是微灌系统的最末一级管道，在滴灌系统中即为滴灌管，在微喷系统中，微喷头会直接安装在毛管上。

4. 环境数据采集器　环境数据采集器由低功耗气象传感器、低功耗气象数据采集控制器和计算机气象软件三部分组成。采集器可同时监测大气温度、大气湿度、土壤温度、土壤湿度、雨量、风速、风向、气压、辐射、光照度等诸多要素，具有高精度和高可靠性的特点，可实现定时气象数据采集、实时时间显示、气象数据定时存储、气象数据定时上报、参数设定等功能。

5. 无线阀门控制器　阀门控制器是用来接收由田间工作站传来的指令并实施指令的下端。阀门控制器直接与管网布置的电磁阀连接，接收到田间工作站的指令后对电磁阀的开闭进行控制，同时也能够采集田间信息，并上传信息至田间工作站，一个阀门控制器可控制多个电磁阀。

（三）系统功能

在芒果种植基地中，将上述核心模块、硬件和设备集于一体的水肥一体化系统（PC/APP端）具备以下三大功能。

1. 可视化应用系统功能　在可视化应用系统中主要包含web登录、首页展示、地图信息展示和统计四大功能。其中，地图包含种植基地地图（查看基地坐标及相关地理信息）、视频地图（查看基地监控视频）、数据地图（展示基地的实时数据监控信息和数据列表信息）、预警地图（在地图上标出预警位置并展示预警内容框）、控制地图（展示设备控制列表和设备控制数据统计信息）和水肥地图（展示水肥设备的使用详情和控制情况）；统计功能主要包含设备监管和数据查询两大功能。

2. Android端应用　Android端应用功能包含首页设计、地图展示和用户信息三个部分。首页提供传感器、视频监控、远程控制、设备监控、预警信息和用户管理的种植基地信息查看的快捷入口；地图展示目前已有的种植基地和监测点信息详情，包含监测点实时数据、统计分析结果和监测点介绍信息等；用户信息包含用户个人信息注册和登录，以及该用户控制与设置操作权限。

3. 后台管理　后台管理集成在热带农业物联网中控平台，内容包含芒果种植基地、监测点和监测区域的新增操作管理，传感器设备、视频设备、水肥设备的配置管理，以及用户、角色和设备的赋权管理。

二、芒果水肥一体化农情监测系统（PC/APP端）建设

（一）系统概述

农情监测系统是指利用物联网技术，动态监测芒果生长过程中"四情"（即墒情、苗情、病虫情及灾情）的监测预警系统。该系统由无线墒情监测站、苗情监控摄像头、可视化自动虫情测报灯、灾情视频监控摄像机、预警预报系统、专家咨询系统和用户管理平台组成（图6-3、图6-4）。用户可以通过移动端和PC端随时随地登陆自己专属的网络客户端，访问田间的实时数据并进行系统管理，对每个监测点的环境、气象、病虫状况、作物生长情况等进行实时监测。系统结合预警模型，还可以对果树进行实时远程监测与诊断，并获得智能化、自动化的解决方案，实现果树的生长动态监测和人工远程管理，保证果树在适宜的环境条件下生长，提高生产力，增加果农收入。

图6-3　农情监测系统构造

图 6-4　农情监测系统设备

（二）建设内容

芒果水肥一体化农情监测系统中包含土壤墒情自动监测系统和田间气象监测系统两部分。

1. 土壤墒情自动监测系统

①墒情自动监测系统主要是针对土壤水分含量进行监测，通过墒情传感器测量土壤的体积含水量（VWC）。同时，根据用户的需求，该系统可以扩展配置土壤温度、土壤电导率、空气温湿度、太阳辐射、二氧化碳等气象传感器。

②监测数据统一由自动监测站发送到网络数据平台，数据按照统一的格式进行存储，通过图表格式直观展现给用户。

③平台设置有图形预警和灾情渲染模块，可以根据作物种类和土壤类型设定不同的预警阈值。当实测数据低于预警阈值时，平台会及时向用户发送预警信息，同时灾情渲染模块将按照灾情严重程度分为不同颜色，可直观显示各区域的灾情动态信息。

2. 田间气象监测系统　农田小气候观测站可对常规气象因子（如大气温度、环境湿度、平均风速风向、瞬时风速风向、降水量、光照时数、太阳直接辐射、露点温度、土壤温度、土壤热通量、土壤水分和叶面湿度等）进行直接测量，还可以测量水面蒸发量，太阳光合有效辐射等多种要素。

（三）系统功能

芒果水肥一体化农情监测系统具有环境综合监测、视频监控、数据统计分析、阈值与预警设置、数据查询和系统管理六大功能。

1. 环境综合监测 通过图表形式对田间各类传感器等设备采集的数据以及图像进行实时展示，当采集数据超出设置阈值时给予预警提示。

2. 视频监控 通过视频平台对田间各区域视频进行远程实时查看，还可远程对视频设备进行旋转、变焦等操作。

3. 数据统计分析 通过对前端环境数据的采集，实现气象数据统计、土壤墒情数据统计、虫情监测数据统计、环境综合趋势分析、数据查询等综合数据分析统计操作。

4. 阈值与预警设置 采集数据过程中，对田间各类传感器进行分时最高与最低数据区间值设置，若超时设置区间值，则会触发预警系统，进行数据预警。

5. 数据查询 田间各类传感器采集的历史数据可按日、月、年进行查询，并通过列表和图表形式进行呈现。

6. 系统管理 系统管理模块可对系统的基础信息（即用户、权限、角色、日志、设备、监测点、田块等）进行设置、维护与管理。

第七章　物联网技术在芒果种植中的应用

随着社会的发展和科技的进步，传感技术、通信技术和网络技术逐渐普及农业领域，物联网技术与农业生产的联系越来越紧密。将物联网技术应用于农业生产，为农业物联网提供了良好的发展平台，可以迅速提高农业产出效益，促进农业发展。农业物联网技术的广泛应用，可实现农业生产及流通等各环节信息的实时获取，并能够根据所获取的信息进行智能决策，保证农业生产在产前进行正确的规划，提高农业资源的利用效率，能够在生产过程中实现精准的管理而提高农业生产效率，能够在农业生产后实现高效的流通，并能够实现农产品的可追溯以保证食品安全。因此，农业物联网已经成为农业发展的必然趋势。例如，将物联网技术应用于芒果种植中，能及时掌握芒果的生长情况，实现科学化管理，从而有效提高芒果的产量。

第一节　农业物联网技术

一、农业物联网的概念

物联网是指通过信息传感器、射频识别技术、全球定位系统等技术、设备，实时采集信息并通过网络传输，实现物与物、物与人的泛在连接，实现对物品和过程的智能化感知、识别和管理。它跟信息物理融合系统的目标是一致的，通过传感器去协同的智慧的感知物理世界，然后再对物理世界进行智慧的计算、嵌入式的计算，最终实现人、机、物深度融合。

农业物联网作为新一代信息技术在农业领域的高度集成和综合运用，对中国农业信息化发展具有重要引领作用，为农作物生长监控、食品安全溯源等提供了保障。农业物联网技术可以对植物生长的环境进行智能化管理，可以监测土壤水分、土壤温度、空气湿度等多个方面，根据监测到的参数，农业园区的生产人员可以对园区内的植物进行自动灌溉、自动降温、自动喷药等操作。利用农业物联网技术对水环境进行检测，能防止不利于植物生长的重金属离子等成分的存在；利用农业物联网技术对大气环境进行检测，能迅速检测出二氧化硫、二氧化氮等有毒气体，以便采取措施改善周边的大气环境，保证农作物拥有良好健康的生长环境。在实际的农业生产过程中，通过卫星遥感和互联网技术对某一区域农作物的长势、面积等进行检测，对检测到的信息进行收集和处理，可以达到规划、检测某一区域的农业生产的目的，为制定生产计划提供了科学依据。

农业物联网是指利用物联网技术（如信息感知、融合处理等）解决农业生产过程中精播与精施、溯源等问题，从源头上解决农产品的质量安全、环境污染问题，实现农业集约、高效、优质、安全的生产目标。农业物联网的实质是将物联网技术应用于农业生产经营，使其更具有信息化、智能化。农业物联网的实例化应用就是在感知端使用大量的传感设备（如农业环境信息的传感器、图像采集、RFID等），广泛地采集农业生产、管理、经营等环境的各类信息（如大田种植、设施园艺、畜牧水产养殖、农产品溯源等领域），建立相对统一的数据传输协议与多源的数据格式转换办法，因地制宜交互使用无线传感器网、移动通信网和互联网等传输通道，实现农业信息多尺度、多源有效的传递。最后通过云计算、大数据等多重信息技术的深度融合与处理，通过智能化调控终端实现农业的闭环控制，实现农业的自动化、最优化控制。实际上，物联网是智慧农业的核心。

二、农业物联网功能

1. 实时监测功能　通过传感设备实时采集温室（大棚）内的空气温度、空气湿度、二氧化碳、光照、土壤水分、土壤温度、棚外温度与风速等数据；将数据通过移动通信网络传输给服务管理平台，服务管理平台对数据进行分析处理。

2. 远程控制功能　针对条件较好的大棚，安装有电动卷帘、排风机、电动灌溉系统等机电设备，可实现远程控制功能（图7-1）。农户可通过手机或电脑登录系统，控制温室内的水阀、排风机、卷帘机的开关；也可设定好控制逻辑，系统会根据内外情况自动开启或关闭卷帘机、水阀、风机等大棚机电设备。

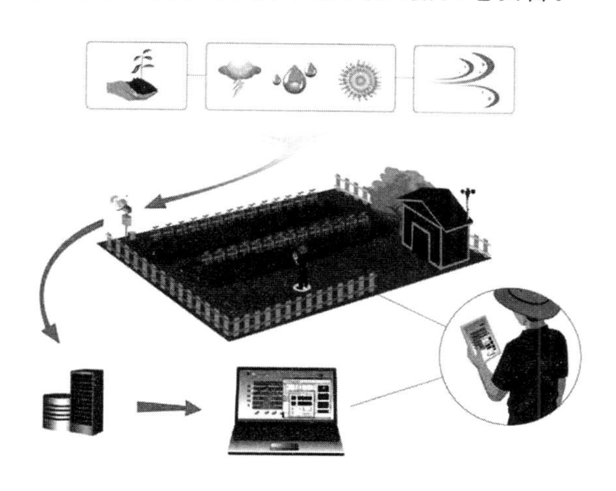

图7-1　远程控制示意图

3. 查询功能　农户使用手机或电脑登录系统后，可以实时查询温室（大棚）内的各项环境参数、历史温湿度曲线、历史机电设备操作记录、历史照片等信息；登录系统后，还可以查询当地的农业政策、市场行情、供求信息、专家通告等，实现有针对性的综合信息服务。

4. 警告功能　警告功能需预先设定适合条件的上限值和下限

值，设定值可根据农作物种类、生长周期和季节的变化进行修改。当某个数据超出限值时，系统立即将警告信息发送给相应的农户，提示农户及时采取措施。

三、农业物联网的模式

1. 精准农业物联网 以美国、加拿大等国为代表，发展3S技术——精准农业物联网，精准农业利用农业物联网传感器监测土壤环境、作物生长或虫害等，进行快速与精准的实时观测。在农业生产中，常遇到许多不可预期的天灾风险，但IoT可尽量控制这类风险，通过传感器，农场的数据可被实时搜集，经营者可根据信息做出正确的决策，并最小化潜在风险。其特点为：3S技术、智能化高度发达，农场主文化程度高，经济收入高，集约化程度高。

2. 设施种植物联网 以日本、以色列等国为代表——设施种植物联网，以引领设施作物向高产出、高效益、安全优质、低碳环保方向发展为宗旨，综合部署和集成应用信息采集识别技术、实时监测与数据传输技术、智能调控与分析处理技术等，实施作物生长过程的优化控制，协调温室大棚蔬菜生长自然环境与植物生理需求之间的矛盾，实现作物生产过程信息感知采集、传输汇聚和分析处理智能化、精细化和集约化，达到作物产值最大化、产品品质最优化的目标。其特点为：自动化、智能化技术发达，土地短缺，工厂化管理，农民文化程度高，经济收入高，集约化程度高。

3. 设施养殖物联网 以荷兰、丹麦等国为代表——设施养殖物联网，现代畜牧业的发展特点是规模化、集约化、产业化、自动化和信息化。物联网应用为农业设施养殖业的高效、健康发展提供了前所未有的先进技术手段。通过应用研究和示范，要解决在规模精细养殖条件下，物联网应用系统架构、网络结构、生长环境感知技术、智能监控技术、溯源数据标准与管理、推广模式等，形成动物规模精细养殖物联网技术与服务体系。在养殖全过程中，实现传感技术、通信技术、数据处理技术的集成化应用，实现养殖资源环境的自动远程监控，实现饲喂、疫病、繁殖、粪便清理环节自动化、智能化、精准化监控，实现动物产品质量可追溯。其特点为：专业化、机械化、规模化和高效率，已成为其经济的重要产业之一；丹麦猪种改良、荷兰母猪饲养与管理取得举世瞩目的成就，形成养猪王国。

4. 多模式并存　我国多模式并存——精准农业、设施种植，特点是：农业 3S 技术、智能化等核心技术缺失，多模式并存，农民经济承载力脆弱、文化水平低，集约化程度低。

四、热带农业物联网发展模式

1. 规模农业企业大田种植物联网应用　规模农业企业大田种植物联网指以海南规模化集约化土地为载体，以大田高产、优质、高效、生态、安全为主要目标，以生产定位、定时、定量为手段，应用作物生长环境监测系统、大田远程专家视频诊断系统、水肥一体化灌溉施肥系统，实现大田生产精准作业模式。

该模式包含以下几个主要应用模块：

（1）农田生长环境监测。海南地区大田监测，主要通过建立大田墒情综合监测站点，其中包括土壤墒情监测系统、大田气象监测系统，实现了大田环境的实时智能定点采集，并通过 4G 或者无线网络将数据传回到系统监测平台。监测气象要素主要包括空气温湿度、二氧化碳含量、风速、风向、降水量、光合有效辐射强度等信息。土壤内的主要监测要素包括土壤温湿度、土壤养分等参数。

（2）农田远程视频监控。针对海南由于长期处于高温高湿环境，有利于病虫害的生长，海南的农业企业采用了基于无线网络的大田视频监控系统，通过系统集成无线传输网络、高清摄像头、图像处理技术，开展了病虫害远程诊断与预警系统，通过对作物生产、生长，病虫害的发生与控制等监测，管理者可以及时掌控作物的生长情况、病虫害发生情况，提高了农业生产决策的准确性。

（3）水肥一体化控制。通过布置在大田的光照、土壤温湿度、摄像头、控制系统实施采集的数据，农业管理者可以随时通过智能手机、PC 进行远程监控、远程控制水肥灌溉施肥，实现了喷灌、微灌、滴灌等功能，促进了作物的均匀、健康生长，搭建了作物生长全过程的智能化、精准化管理体系，促进了资源节约。

2. 设施园艺物联网应用 设施园艺物联网模式主要针对采用大棚开展农作物种植、热带花卉种植的功能定位，该应用模式主要以推广应用温室环境监控系统、植物生长管理系统，部分企业甚至还包括农产品质量安全溯源、农产品电子商务、物流配送等功能，确保设施生产实现集约、高效率、有机，为全国人民提供新鲜的农副产品、生态观光、休闲服务、科普教育等功能。

设施园艺物联网模式包括以下几个主要应用模块：

（1）设施蔬菜、花卉智能化管理。海南的设施园艺大棚，全部安装了温湿度控制系统，通过温室大棚智能环境控制系统，对大棚内控制的温湿度、土壤温湿度等影响作物和花卉生长的关键因子进行长期、实时、在线、动态采集，并利用无线网络技术、ZIGBEE、GPRS 等技术上传至上位机平台，使大棚管理人员、专家通过电脑、智能终端可以实时了解农作物的生长环境，实现远程监测。

（2）农产品质量追溯。温室大棚内安装了摄像头和传感器，对大棚内的环境及作物生长状态进行实时监测，保证监管层和消费者能及时地、在线地、实时地了解作物生长的情况。农事活动上传至追溯模块，消费者和监管层可以通过二维码追溯系统掌握农产品在产前、产中、产后、加工、流通过程中一系列的信息，有效保证了海南农产品质量安全。

（3）农产品电子商务。海南由于其地理位置特殊，从而导致农产品价格波动较大，部分海南设施园艺企业通过利用电子商务方式，以农超对接、农社对接、农家对接方式开展销售，通过建设自有的直销网站、淘宝网、微商等平台，实行网上订购、支付，送货上门方式进行配送，实现了高端农产品从地头到餐桌一站式销售模式。

3. 热带水产养殖物联网应用 海南热带水产养殖以物联网技

术及智能装备为支撑，采用现代化经营管理手段，推广应用养殖（淡水、海水）环境监测系统、养殖专家管理系统、饲料智能化投食系统、疾病预防控制诊断系统，从而实现海南养殖集约、产业合理布局、资源高效利用、盈利效益高、绿色可持续发展的应用模式，海南热带水产养殖物联网主要开展准确的水质检测，通过可靠的数据传输系统，分析及处理数据并进行智能控制，实现水产养殖的科学化。

该应用包含以下几个模块：

（1）养殖环境监控。利用智能传感器、无线网络、智能组网技术、智能控制技术，采集养殖环境的溶解氧、水温、pH 等关键参数，建立水环境参数在线检测和监控系统、预警监测系统、决策支持、远程控制等功能为一体的海南热带水产养殖物联网系统。

（2）智能放料，水体增氧。水产养殖管理者通过登录“水产养殖监管系统”，可实时了解养殖区域内的温度、水质、溶解氧含量、pH 等水质参数，一旦发现某些区域的监测指标发生异常，可以通过手机或者 PC 端进行操控。同时还可以根据监测的数据定时定量地投喂饲料，有效地降低了养殖成本和劳动强度。

（3）实现监控预警，病害防控。溶解氧传感器、pH 传感器实时监控水体，管理人员可以通过“水产养殖监管系统”，随时了解水体的情况，避免因为水体变化造成病害的发生。监控中心的管理人员可以通过历史数据，判断气象变化，通过平台发布天气预警信息、疾病预防预警信息。

五、农业物联网架构模型

根据计算机网络架构模型的研究方法，国内外将农业物联网架构模型分为感知层、传输层（网络层）、处理与应用层三个层次。

1. 感知层　主要包括各类传感器、RFID、RS、GPS 以及二维条形码等，采集各类农业相关信息（包括光、温度、湿度、水分、肥力、土壤墒情、土壤电导率、溶解氧、酸碱度和电导率等），实现对“物”的相关信息的识别和采集。

2. 传输层 传输层是在现有网络基础上，将感知层采集的各类农业相关信息通过有线或无线方式传输到应用层，同时，将应用层的控制命令传输到感知层，使感知层的相关设备采取相应动作，比如开关打开或者关闭、释放氧气、增加温度或者湿度以及设备重新定位等。

3. 处理与应用层 具体的应用服务系统是基于物联构架的农业生产架构模型的最高层，主要包括各类具体的农业生产过程系统，如大田种植系统、设施园艺系统、水产养殖系统、畜禽养殖系统、农产品物流系统等。通过这些系统的具体应用，保证产前正确规划以提高资源利用率，产中精细管理以提高资源利用率，产后高效流通实现安全溯源等多个方面，促进农业的高产、优质、高效、生态、安全。

六、农业物联网技术在芒果种植中的应用意义

芒果种植主要利用物联网、计算机视觉和人工智能等技术，实现对芒果的生长周期进行主要的生物特征进行动态监控，对数据进行分析融合，建优化的芒果生产过程标准化模型。芒果种植与物联网技术相结合，通过安装部署实时监控软件系统，物联网硬件采集设备，PC 端与手机端数据监控终端，实现了芒果种植的自动化和智能化，有效的节约了人力资源，促进芒果的增产增收，让芒果种植可以取得更大的经济效益。

物联网技术在芒果种植中应用一方面可以帮助芒果种植户实时监测田间生长状况，控制芒果的生长状况，有效推动芒果种植的自动化和智能化，对芒果种植进行科学的管理，从而实现了芒果的增产增收。另一方面，应用物联网技术在芒果种植区内设置多个物联网信息采集点，对芒果的生长环境条件信息进行采集和分析，包括对芒果种植区的温度湿度，光照条件，二氧化碳浓度和土壤养分等，利用物联网将个信息点采集的信息联系起来，由管理中心的计算机对所收集到的信息进行整理分析。根据分析的结果，对芒果采取科学的灌溉施肥喷药等，采取物联网技术在芒果种植中，可以大

力地节约人力物力，让芒果种植取得最大的效益。另外，借助农业物联网体系，搭建相应的物联网网络平台，让消费者真切看到芒果种植的实际情况，方便研究芒果的品质，促进芒果的销售。通过物联网技术，有效提升了芒果的产量和质量，促进农业发展，提高经济收益。

七、物联网技术在芒果园种植过程中的应用过程

将物联网技术和芒果种植进行有机结合，实现了芒果种植的精细化管理，更有利于提高芒果种植的产量。通过物联网技术与芒果种植的信息收集，可以给农业种植业提供有效的经验，有利于提高农业生产中农产品的质量，减少人力资源的消耗。同时借助物联网技术，及时预测农业资源和农产品的生产环境，分析研究预测数据结果，实现了资源的最优化配置能更好地加快我国农业现代化步伐。

1. 物联网技术在芒果生长环境检测中的应用 通过在芒果园中安装传感器二维码，实现对芒果园的智能化管理，传感器可以收集芒果园中芒果生长的自然条件信息。在物联网技术中，测量芒果种植地区内的空气湿度、温度光照和土壤中的水分含量，然后将收集到的数据进行分析，判断出芒果的生长情况，在三亚地区为了增强农业种植中芒果种植的竞争力，需要保证芒果的品质，在芒果种植过程中，人工种植的芒果会受到外界各种因素影响而导致口感和质量的不同，借助于物联网技术可以有效提升芒果的质量，例如在三亚地区，由于当地的降水量比较明显，为了保证芒果的口感，就需要通过物联网技术测量土壤中的水分含量，当水分含量适宜的时候，就不需要在对芒果进行过度浇水。通过物联网技术检测芒果生长环境，收集相应的数据，然后设置品质最优良的芒果生长环境，通过设置为芒果种植提供最优质的生产环境，有效提高芒果的质量。

2. 物联网技术在芒果园施肥管理中的应用 物联网技术也可以在芒果地施肥中进行管理，通过智能监管系统，控制中心的人员

可以直观的观测到芒果种植区域内芒果生长的状况。在三亚地区传统的芒果种植人力施肥中，人需要休息，而且对于同种品种不同地块芒果的施肥量可能会有所差异，这就会导致最终芒果的口感和质量有不同，而借助于物联网技术，可以对芒果实施标准化的精细管理，最合适的时间对芒果施肥，让芒果良好生长。芒果对土壤要求很高，多施加有机肥，可以改善土壤质量，提升芒果质量。芒果的施肥也是有技巧，结合芒果生长信息，准确分析，才能在最合适的实际时机来进行施肥。有些芒果出生长缓慢，是因为土壤中水分含量过大，芒果呼吸困难所导致的。如果种植人员没有了解情况，就直接进行施肥，那么就很容易造成施肥量过大，出现烧根的情况。通过物联网技术对芒果的生长状况进行准确判断，就可在最合适的时机进行施肥，提升芒果的品质。

3. 物联网技术在芒果园灌溉中的应用　物联网技术实现了芒果的智能化灌溉，在芒果园智能化种植中，互联网技术最突出的方面就是改变了原有的宏观人工管理模式，在芒果园内进行微观灌溉，通过互联网灌溉技术可以有效节约水资源，均匀给芒果提供所需要的水分，提高水资源利用效率。在传统的芒果种植中，因为没有准确的数据信息，在传统的灌溉中，不仅对水资源造成严重浪费，过度浇水导致芒果的质量口感不好，传统的芒果园的灌溉浇水量是根据种植经验来进行判断的，很容易导致芒果的浇灌不均匀，无法有效保证芒果的品质，而通过物联网技术可以实现灌溉的系统化操作，结合芒果的生长信息准确进行灌溉。

第二节　物联网技术在芒果种植中的应用

芒果的生长受到土壤含水量的影响很大，当土壤含水量低时，能抑制枝梢的生长与抽梢的数量。反之，当土壤含水分高时，则抑制花芽分化，促进枝梢的生长。栽培者在花芽分化前60～90d应尽量保持干燥。植株在正常的花芽分化后会陆续抽穗、开花、结果、肥大，这段时期也为最需水分的时期．然而海南地区正逢干旱季节，必须以人为的方法加以灌溉处理。适宜的灌溉，可增加果重，提高单位面积的产量。到果实硬核、成熟、收获，前后约有两个月的时间，为芒果需水量较少时期，应保持干燥的土壤，才能促使果实增加甜度及提高品质。而物联网技术在农业中的应用，既能改变粗放的农业经营管理方式，也能提高动植物疫情疫病防控能力，确保农产品质量安全，引领现代农业发展。

一、农业物联网与智能水肥一体化的关系

随着物联网与信息技术的发展应用，用数字技术提升农业生产效率，通过信息技术对作物的生长环境，如土壤、肥力、气候等进行大数据分析，然后据此提供与种植、灌溉、施肥相关的解决方案，能大大提升农业生产效率。实现现代农业的节水灌溉，就要对农业数据和灌溉进行精准的分析和控制，因此在该网络构架基于传感器、通信技术和控制等为基础的监测系统，要具备监测信息采集、数据传输和处理等几项功能。监测信息采集及控制终端，也就是网络感知进而控制层，主要对土壤中的水分进行数据量化，实时监测该区域内土壤水分情况，传感信息节点会分布在监测区的各个角落，保证信息采集的完整性和科学性。同时，节点对采集到的信息进行初步处理，再使用其他节点完成到汇聚节点的传输工作。之后，信息会被传送到网关，最后是监控中心。

在感知土壤水分信息中使用的农业物联网传感器，主要有频域型和时域型两种，前者使用的是电磁脉冲原理，操作简单、安全、快速、准确，并且具备自动化、宽量程等优点。

通过物联网水肥一体化技术，将智能传感器所收集的农业生产现场环境数据进行分析，按照用户预设的阈值范围，主动上报提醒，从而实现对农业生产现场环境数据的调节以及现场智能装备的联动或手动控制。利用智能手机客户端APP软件，通过手机、电脑终端远程操控追灌水、追灌肥，实现远程登录，视频查看现场实况；无线传感，种植区实时墒情监测；预警系统，根据数据分析，及时灌溉施肥。

二、基于物联网技术的芒果智能水肥一体化灌溉系统

（一）系统架构

该系统采用基于采用 spring-cloud 的微服务形式的分布式架构，包括 3 个部分：采集控制层，负责各个参数的采集以及执行模块的控制；网络传输层，负责数据上传；终端应用层，负责为用户提供监控平台（图 7－2）。

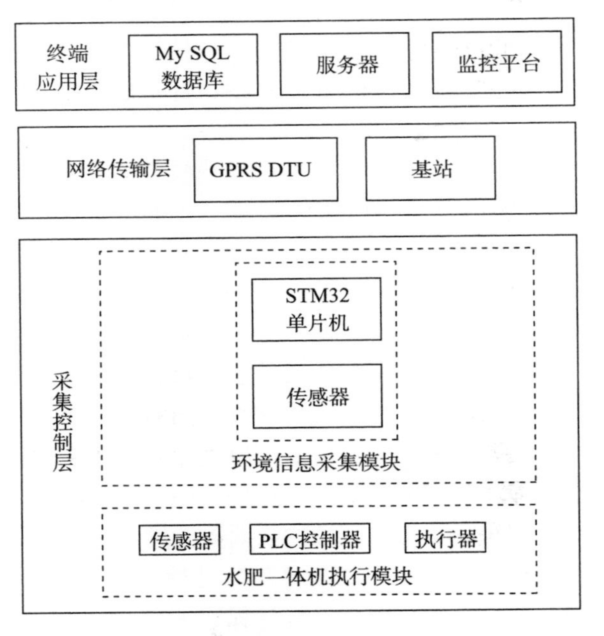

图 7－2 物联网系统总体架构图

采集控制层包括两部分，一是以 STM32 单片机为核心的嵌入式处理器和采集空气温湿度、土壤温度水分、CO_2浓度和光照强度的传感器构成的环境信息采集模块；二是以 SMART-PLC 为核心控制器和采集肥液 EC、pH 传感器、管道压力和流量的传感器以及控制施肥灌溉量的水泵、电动球阀等执行器构成的水肥一体化执行模块。

网络传输层核心是采用GPRS方式通信的远程数据传输模块DTU（Data Transfer Unit），通过串口接收采集控制层的数据，并按照确定的通信协议传输到应用层。网络层将传感器上的不同种类的数据以不同网络方式传输到用户个人的电脑、移动客户端以及云服务平台，起到了桥梁与沟通的作用。

终端应用层利用服务器进行信息的收集、整理、查询、储存、决策、警告，进而实现芒果种植灌溉技术与信息技术结合，为作物的实际种植过程提供依据，为用户实际的需求搭建的网络技术平台，实现了对农业生产活动的智能管控。应用层采用Java平台开发服务器程序，以MySQL为数据中心，将接收到的监测数据持久化到数据中心，基于Bootstrap框架开发的系统界面，以Java语言开发的功能模块，支持授权用户通过电脑浏览器登录系统，进行相应操作。

（二）系统的主要组成部分

物联网水肥一体化智能灌溉系统主要由8个部分组成：智慧平台（信息中心）、田间灌溉控制系统、智能施肥系统、农田气象环境监测系统、远程土壤墒情测报系统、远程管道压力、流量监测系统、远程作物长势视频监测系统、能效监测系统。其中，气象环境监测系统与远程作物长势视频监测系统采集芒果种植区的雨量、温度、湿度及作物长势等参数信息，远程管道压力、流量监测系统与远程土壤墒情测报系统通过解码器采集管网压力、流量数据与土壤含水率及墒情状况信息，通过有线或无线传输至田间灌溉控制系统，进行信息识别与处理，并对智能施肥系统与能效监测系统进行调节，同时也可通过客户端访问智慧平台（信息中心）对灌溉控制系统进行参数调试，及时了解作物生长状况与灌溉系统运行状况，确保系统正常安全运行，促进作物稳产高产。

（1）智慧平台（信息中心）。主要完成功能包括实现多维信息存储与维护，对外精确展示每个区域的种植环境信息、水量信息、农业气象信息等，通过智能灌溉管控软件平台进行报警提示与生产指导。

（2）田间灌溉控制系统。主要通过解码器系统与田间的电磁阀、流量传感器、压力传感器、墒情传感器等进行实时通讯，采集相关数据，从而进行灌溉决策。通过电脑、手机或 Ipad 可直接通过浏览器输入 IP 地址访问灌溉控制器页面，进行灌溉参数的设置与操作。

（3）智能施肥系统。灌溉系统内置智能施肥控制程序，采用兼容 N、P、K 及微量元素等多个施肥通道的智能施肥机，通过调控肥液的 EC 及 pH 来确保肥液参数与作物的生长需求相适应。

（4）农田气象环境监测系统。采用自动气象站采集雨量、湿度、温度等参数信息，并传送至智慧平台，根据内置数据库，结合彭曼公式分析得出参考作物需水量 ET_0、作物系数 K_c、作物实际需水量 ET_c等，为制定灌溉制度提供合理参数。

（5）远程土壤墒情测报系统。根据实时土壤含水量及气象信息自动评估土壤墒情是否正常，并设定灌水上、下限值。可实时请求田间信息，获得灌溉参数，迅速、准确、实时、高效、易用。

（6）远程管道压力、流量监测系统。通过低功耗传感器实时采集管道压力、流量数据，并传送至灌溉控制器和信息中心综合管控平台，从而保障灌溉系统安全运行。

（7）远程作物长势视频监测系统。采用数码相机或视频设备记录田间作物冠层影像信息，定期拍摄作物长势图片，并存入数据库。可实时查询作物长势变化，进行年际对比，以及时调整灌溉、施肥方案。

（8）能效监测系统。用于监测灌溉系统运行消耗的电能，可查询周、月、旬用电量，分析电能利用效率，根据电价分析投入产出比，为调整优化灌溉、充分利用能源及提高能效比给出参考建议。

（三）系统介绍

1. 芒果田间灌溉设施 田间灌溉设施的布设能够实现无线遥控、远程随时随地监控、轮灌组定时自动轮灌等控制方式，并且实时监控管网和阀门状态，灌溉流量和管网压力，保障运行安全，及时提示报警信息。

（1）农情采集。农情采集包括农田气象自动监测、农田墒情自动监测和种植生长环境视频自动监控，利用GPRS/无线网络技术传输到数据中心。

（2）水肥灌溉。实时监测管道流量、压力、三相电压、电流、缺相检测等信息，按照园区芒果生长需求，进行全生长期需求设计，将灌溉与施肥融为一体，借助压力灌溉系统，将可溶性固体肥料或液体肥料配兑而成的肥液与灌溉水一起，均匀、准确地输送到作物轮灌区。把水分和养分定量、定时，按比例直接提供给作物植株。

（3）智能阀门。田间阀门通过无线自组网与无线灌溉控制器通讯，无线灌溉控制器内置GPRS无线通信模块，作为网关设备，与云端服务器通讯；管理者通过软件对田间阀控站进行统一管理。

2. 监控管理中心　监控管理中心是利用网络传输设备，通过网络传输实现对田间监测系统的数据互通，并在大屏展示系统中进行实时展示，直观浏览监测状态及作物生长情况。

3. 云端智能灌溉管理平台　云端智能灌溉管理平台是整个系统的核心，主要实现对所有自动化设备状态及采集数据的在线监测，提供智能灌溉、实时监测、预警监测、综合分析和运维管理等功能。

根据不同的用户及需求，分为计算机端和移动端软件。计算机端包含监测、预警、分析和灌溉等全部功能；移动端软件主要有设备控制和信息查询功能。

（四）系统特征

①可依据作物需水量精准控制灌溉水量。

②根据肥料需求量精确控制施肥量。

③全程手机云端控制，可观察及控制各电磁阀的开启、水泵的开机和运行状态。

④气象站等传感器数据实时传至系统云端。

三、芒果种植园水肥一体化技术方案

1. 幼树到初果期树水肥一体化方案 幼树到初果期树（二至七年生），管理的主要目的是促进营养生长并及时向生殖生长转化，进行水肥一体化施肥时，氮、磷、钾比例一般在1∶0.75∶1.4（P、K施用量可根据N的施用量计算）。在芒果由营养生长向生殖生长转化的关键时期，针对树体状况区别对待，若营养生长较强，应以磷肥为主，配合钾肥，少施氮肥；若营养生长未达到结果要求，要考虑健壮树势，施肥应以磷肥为主，配合氮钾肥。

水肥一体化施肥计划往往取决于树体生长扩展所达到的空间情况，有些品种像台农芒、澳芒等长势较强，每年开花后4～8周可能要减少氮肥施用量，尤其是在土质肥沃的土壤中更应如此，这比减少灌溉次数更有利于花芽形成和提早结果。

2. 盛果期水肥一体化方案 盛果期芒果树营养生长与生殖生长矛盾突出，此期管理的目的主要是维持健壮树势、提高产量，改善果实品质。根据目标产量确定养分施用量，在具体实施中还要根据土壤肥力状况和树势调整肥料用量和比例。

四、芒果种植农业物联网服务平台

芒果种植农业物联网服务平台包括服务器平台和沃农云平台APP/PC端应用软件两部分。

1. 服务器平台 购置了戴尔DELL，型号为R430的机架式服务器两台，1台用于存储数据，1台用于分析数据。还购置了网络交换机、网络防火墙、网络路由器等设备，确保服务器平台的正常运行。

2. 沃农云平台APP/PC端应用软件 用户无论是在控制室内还是外地，都可以通过电脑或手机上网，登录应用软件，就能随时随地通过互联网远程查询基地中布有传感器设备点的各项环境参数、各项参数的设置以及对设备进行控制。可以实时监测空气温度、空气湿度、土壤温度、土壤湿度、光照情况等环境参量，精准控制种植区内外的环境状况，还可以根据收集上来的数据的分析处理对温室的风机、加湿器、补光系统、水泵等自动化设备进行控制，以达到植物的最佳生长环境或人为设定环境，同时对摄像系统拍下的影像图片与现场动态画面进行观察。而且在生产出的产品上都有1个二维码标签，通过扫描就可以显示出该产品的播种、施肥、喷施农药、采收时间等信息。真正实现了农业生产的智能化、集约化、高效化、无人化和产品信息公开化。

五、芒果基地农业数据感知与采集

根据生产过程和数据统计的需求，在芒果基地建立全自动灌溉系统1套、室内外高清监控系统1套、室外小型气象站1套、农业六要素传感器6个。芒果示范基地建立自动变频灌溉系统1套、室内外高清监控系统1套、室外小型气象站1套、农业六要素传感器18个。所用设备满足芒果基地内高温、高湿、暴晒、大雨、大风等恶劣的室内外环境。其精度、准确度、稳定性、一致性满足生产和数据分析需求。空气/土壤湿度传感器，量程0～100%，精度±3%；空气/土壤温度传感器，测量范围0～50℃；风速传感器，测量范围1～67m/s；这些传感器实时数据，将在本地数据显示器显示，同时也会将数据传输到服务器，为远程控制决策提供数据依据。

六、物联网模式下芒果种植感知与控制信息传输网络

按照设施农业产前、产中、产后全产业链条需求和数据传输要求，整体的网络架构分为2种，即环境感知调控网络和视频图像传输网络。

1. 环境感知调控网络　传感器将数据传输给控制器，控制器可以将数据直接传输到服务器，也可以自行分析数据，若设定模式为控制器自行分析数据，当传感器传输数据大于或小于控制器内设定阈值，控制器将会启动相应的设备开始工作（此模式不受网络限制）。若设定模式为控制器将数据传输到服务器，控制器将会把接

收到的数据传输给服务器，经过服务器的分析和决策，又将数据传输给控制器，启动相应的设备（此模式仅在有网的条件下才能工作）。

2. 视频图像传输网络 高清摄像头通过无线宽带将视频数据传输到监控中心，监控中心通过显示器将视频画面呈现。监控中心视频服务器将数据接入宽带互联网，用户通过手机 APP 便可实现远程对基地内进行实时或定时视频查看，并可对温室指定区域进行图像抓拍、触发报警、定时录像等功能。

七、物联网技术在芒果种植过程中的作用

1. 节省人力成本 芒果种植引入物联网技术后，可以有效地节约人工成本。传统的芒果种植方式，需要投入大量的人力观察芒果种植区内的状况。因为芒果的生长对水分要求很高，在传统种植芒果中，需要依靠大量的人力，对芒果根部挖土，然后进行土壤检测判断土壤中水分含量，这样方法费时费力，还缺乏科学性。在传统种植芒果的过程中，一个芒果园至少需要 20 个经验丰富的芒果种植人员。借助于物联网，种植户可以足不出户作掌握芒果的生长状况，操控电脑就能实现对芒果种植的管理，有效地减少了人力资源消耗。仅需要两三个人就可以实现对整个芒果园种植的管理，极大节省人工成本。

2. 收集农作物生长信息 当前是信息化时代，通过物联网技术可以将芒果种植与信息技术有效结合起来，收集芒果园中芒果生长的各种信息数据。通过智能化分析和控制，优化芒果种植的条件和生长条件，对芒果实施精细化管理，优化芒果生长环境，提高芒果质量。在芒果种植区进行综合信息采集，全面收集芒果的生长信息，然后实施科学化管理。例如通过对芒果土壤含水量的信息收集，可以有效控制芒果种植区内土壤的含水量。三亚市属于热带季风气候，当地降水较多。芒果在生长前期对降水量的需求很大，但是芒果生长后期较多的雨水会破坏芒果根系，进而影响芒果的质量。通过物联网技术及时对芒果的生长信息进行搜集，在芒果生长

的后期对土壤的含水量进行监管，当收集信息显示芒果土壤中含水量适宜，就不需要过度浇水，当显示芒果土壤含水量较低，就可以进行浇水。

3. 助力农业提质增效　芒果种植园采用肥水一体化管理，安装滴灌系统，每亩需一次性投入1 000～1 200元，使用寿命5～10年，每亩果园每年节省用水60%～70%，节省劳动力投入300元以上，节省肥料、农药投入700元以上，增效30%以上。盛产期果园，实施肥水一体化管理，每年节支增效1 200元以上，当年就可以收回投资成本，是节支增效的最佳选择。

（1）对果树长势的影响。基于物联网的水肥一体化技术能加快芒果树根系吸收速度，有利于果树在恶劣的气候条件下保持旺盛的生长，促进果树提早结果。有研究表明，水肥一体化处理过的芒果幼苗长势快，比常规施肥灌溉提前1个月时间达到树体营养生长的要求，且显著提高翌年芒果的挂果率。水肥一体化的使用，可以有效控制水分和肥料的施用，从而提高肥水利用率，促进果树根系生长。如通过滴灌施肥系统进行灌溉和施肥，能明显增加芒果生物干重，产量增加30%左右。

（2）对果实品质的影响。果树地上部长势和根系生长密切相关。根系可吸收合成地上部分树体生长所需要的各种营养。而果园的树体营养水平直接影响到挂果数量和果实大小。水肥一体化技术可有效调控好适当的营养生长和生殖生长的平衡点，使树体挂果数量和果实大小达到一个最佳值，从而获得最佳的经济效益。试验表明：在芒果栽培上，使用水肥一体化技术，可以促进果实增大，果实横径比常规栽培增加0.75厘米，且裂果率比常规减少3.8%。

（3）对果园经济效益的影响。水肥一体化技术，采用灌溉施肥技术，按照作物生长需求，进行全生育期需求设计，可以将水肥定量、定时，按比例直接输送到芒果树的根域土壤，在很大程度上减少了水肥在土壤中的输送距离，提高了水肥的利用率，减少成本的投入。在芒果种植园中，水肥一体化技术可提高水分利用率20%以上，提高化肥利用率30%～40%。同以往果园管理相比，采用水肥一体化技术，可以直接减少施肥和追肥劳动强度、缩短时间、降低气候条件的影响，而适当增加追肥次数，适时追肥，使养分供应更加符合作物生长的需要，从而实现水分和养分的综合协调和一体化管理，提高了水肥利用效率，减少了资源浪费和环境污染，实现了增产增效，确保了芒果质量安全。

第三节　热带农业物联网应用现状及发展对策

一、我国农业物联网技术应用现状

目前，我国农业物联网技术在大田精细种植、畜禽水产养殖、设施大棚、农业资源环境监测和农产品安全追溯等领域发展成效显著。不但实现精细化种植管理、智能节水灌溉、精准施肥施药、土壤情商检测、旱情天气预警等单系统物联网控制，还涵盖育苗、种植、采收、仓储和物流的全过程复合系统管理控制，基本实现智能化管理、科学化生产、精准精量合理化控制，使农业生产实现有效控制、统一调度、合理分配。

在大田精细作业方面，通过各类传感器对农作物生长环境及状况（如空气温湿度、二氧化碳浓度、土壤温湿度及 pH、光照强度等信息）进行实时采集、系统分析，同时自动记录、统计、分析灌溉、施肥、生产等数据。不但能为作物提供最佳生长环境，还能根据作物生长需要“少量多次”，例如，自动精量播种，可节省种子浪费 50%，精量施肥，节约 70%化肥使用量，精量喷药，节约 95%农药使用量。在提高农产品质量和产量的同时，还有效节约资源，保护农业生产环境。

在智能节水灌溉方面，通过安装膜下滴灌智能灌溉系统，对土壤墒情自动监测，实现用水调度、自动灌溉施肥控制于一体，实现农业灌溉的定量化、精确化，农业用水量可节约 30%以上，有效提高了水肥利用效率和作物产量及品质。

在设施农业方面，通过使用温度传感器、湿度传感器、pH 传感器、光传感器、离子传感器、生物传感器、二氧化碳传感器等设备实时监测温室大棚内环境因子数据，运用智能化决策系统（如自动灌溉系统、自动降温系统、病虫害预警系统等），并通过各种终端设备对调控湿帘风机、喷淋滴灌、内外遮阳、加温补光等设备进行远程控制，以调节大棚内生长环境至适宜状态，以达到增加作物产量、改善品质、调节生长周期、提高经济效益的目的。目前，北京市建成的设施物联网应用示范基地已达 30 多 hm^2，上海市共建成 200 多家园艺场，为探索物联网技术在设施农业领域发展提供可借鉴模式。

在农产品质量安全溯源方面，目前利用电子标签技术对农产品产地、收获运输等信息进行分类和编码，对农产品质量进行监测；利用移动智能读取设备，通过无线网络传输数据，中央数据库数据存储，对动物从出生到屠宰过程中饲养和疫病等进行监控、防御、治疗和产品追溯服务。大大提高了各养殖环境信息和生产过程信息的实时感知能力和生产管理效率，提升加强平台建设，提高数据汇聚与决策能力，为政府监管和消费者溯源提供了良好支撑。

二、农业物联网发展对策

农业物联网是一个涉及农业、通信技术、网络技术、传感技术等多个领域的非常复杂的系统工程。农业物联网应用前景广阔，是传统农业转型的重要方向，是改变农村生产生活方式的一次重大变革，要做好农业物联网技术的应用推广，需要做好四方面的工作。

1. 定农业物联网战略布局，全面规划 从农业物联网不同层面进行统筹规划，制定短期、中期和长期计划，分时间、分步骤实现传统农业向智慧农业的转型，加强农业物联网的顶层设计。各级政府及农业相关部门对农业物联网工作要加强指导，制定推动农业物联网发展的惠农政策，积极引导和鼓励企业参与农业物联网技术和产品的研发，鼓励农民个体参与农业物联网的应用，加强农业物联网队伍建设，使得农业物联网实现规模化应用和可持续发展。

2. 切实执行国家农业政策，加大政策扶持和推广力度 我国目前发展智慧农业产业基础比较薄弱，特别是农业物联网建设方面表现更为明显。在这种背景下，认真落实国家各种扶持政策，将有限的财政资金发挥最大的效益，是加快农业物联网发展的必然选择。另外，要加大对农业物联网技术以及国内各农业物联网示范园所取得成果的宣传力度和推广力度，充分调动农业企业和农户主动参与到农业物联网的积极性。

3. 加快农业物联网标准体系制定，促进农业物联网的推广应用 建设农业物联网标准体系，能够推动物联网相关产业对相关物联网产品的规模化生产，降低建立农业物联网的成本，推动农业物联网技术的广泛应用。另外，要积极引进国内外有经验的农业物联网专家，积极参与相关标准的制定，加快农业物联网例如测试、验证等相关标准的制定和实施。

4. 加快物联网技术应用人才的培养，提高农民的信息化水平 通过“外引”和“内培”相结合的方式加快农业物联网人才队伍建设，同时注重对现有农业相关部门工作人员的培训，使他们掌握农业物联网的基本技术和相关标准，能够及时了解物联网技术的最新成果和产品等信息，做好技术和应用的对接。另外，也要加强各物联网农业生产基地、示范园技术人员对基本操作知识、注意事项、基本维护知识等的培训，提高农业物联网技术人才的质量和数量。最后要加大对广大基层农户的知识宣传和技术培训力度，不断建立分层次的农业物联网人才队伍，为农业物联网的快速和可持续发展提供人才保证。

主 要 参 考 文 献

潘敏睿，马军，王杰，等，2020. 水肥一体化技术发展概述［J］. 中国农机化学报，41（8）：204-210.

宗哲英，王帅，王海超，等，2020. 水肥一体化技术在设施农业中的研究与建议［J］. 内蒙古农业大学学报（自然科学版），41（1）：97-100.

杜中平，2012. 以色列节水灌溉与水肥一体化考察报告［J］. 青海农林科技（4）：17-20.

李咏梅，任军，刘慧涛，等，2014. 以色列水肥一体化技术简介与启示［J］. 吉林农业科学，39（3）：91-93.

王宁宁，马德新，2018. 水肥一体化技术的发展现状分析及优化应用策略［J］. 乡村科技（5）：82-83.

崔粉玉，2010. 发展高效农业与节水灌溉有关问题的探讨［J］. 吉林蔬菜（2）：96-97.

郭安，2006. 我国芒果产业现状及发展对策探讨［J］. 中国热带农业（5）：23-25.

杜晓东，程玉豆，陈光，等，2016. 果树水肥一体化的研究进展［J］. 河北农业科学，20（2）：23-26.

刘永华，沈明霞，蒋小平，等，2015. 水肥一体化灌溉施肥机吸肥器优化与性能实验［J］. 农业机械学报，46（11）：76-81.

赵吉红，2015. 水肥一体化技术应用中存在的问题及解决对策［D］. 杨凌：西北农林科技大学.

许娥，2011. 果园水肥一体化高效节水灌溉技术试验［J］. 中国果菜（4）：34-37.

马欣，宗静，刘宝文，2015. 不同水肥用量对日光温室草莓产量和果实品质的影响［J］. 北方园艺（5）：39-42.

胡玉昆，杨永辉，王玉坤，等，2009. 利用作物模型估算农业需水量的探讨［J］. 节水灌溉（11）：18-20.

杨靖民，刘金华，窦森，等，2011. 应用 DSSAT 模型对吉林省黑土玉米最佳栽培技术的模拟和校验研究Ⅰ．模型品种参数校验和产量的敏感性分析［J］．土壤学报，48（2）：366-374.
雷世梅，2018. 重庆农业物联网应用现状分析及对策建议［J］．南方农业，12（16）：56-59.
吕丽萍，2018. 物联网业务关键技术与模式［J］．电子技术与软件工程（18）：13.
谢铮辉，罗微，张慧坚，等，2014. 基于GPRS的作物生长环境监测系统设计［J］．江苏农业科学，42（11）：443-444.
谢铮辉，王玲玲，2017. 基于物联网的油棕远程监测系统设计［J］．热带农业工程，41（5-6）：44-47.
余国雄，王卫星，谢家兴，等，2016. 基于物联网的荔枝园信息获取与智能灌溉专家决策系统［J］．农业工程学报，32（20）：144-152.
师志刚，刘群昌，白美健，等，2017. 基于物联网的水肥一体化智能灌溉系统设计及效益分析［J］．水资源与水工程学报，28（3）：221-227.
宋坤，2017. 水肥一体化智能设备关键技术研究［D］．广州：广州大学.
易文裕，程方平，熊昌国，等，2017. 农业水肥一体化的发展现状与对策分析［J］．中国农机化学报，38（10）：111-115.
狄娇，2015. 轻简式水肥一体化灌溉系统的设计及试验研究［D］．南京：南京农业大学.
田莉，赵先锋，李磊磊，等，2020. 主管压差式水肥一体化灌溉系统的设计与试验［J］．农机化研究，42（2）：101-105.
欧阳春，曹萍，许伟，2019. 基于商业生态系统的我国农业物联网发展框架与政策建议［J］．商业经济研究（24）：131-134.
庞朝霞，2019. 农业物联网在蔬菜大棚中的应用［J］．江西农业（18）：79-80.
蔡长青，侯首印，张桢，等，2017. 温室智能灌溉水肥一体化监控系统［J］．江苏农业科学，45（10）：164-166.
张明宇，刘峰，王强，等，2020. 基于PLC的智能灌溉施肥机的设计［J］．农业与技术，40（12）：30-38.
朱丹，陈学东，张学俭，等，2020. 基于物联网的设施农业温室远程监控系统研究［J］．中国农机化学报，41（5）：176-181.
韩云，张红梅，宋月鹏，等，2020. 国内外果园水肥一体化设备研究进展及发展趋势［J］．中国农机化学报，41（8）：191-195.
江景涛，杨然兵，鲍余峰，等，2021. 水肥一体化技术的研究进展与发展趋势

［J］. 农机化研究，43（5）：1-9.

齐飞，魏晓明，张跃峰，2017. 中国设施园艺装备技术发展现状与未来研究方向［J］. 农业工程学报，33（24）：1-9.

张承林，邓兰生，2012. 水肥一体化技术［M］. 北京：中国农业出版社.

Meyer-Aurich A，Gandorfer M，Trost B，et al.，2016. Risk efficiency of irrigation to cereals in northeast Germany with respect to nitrogen fertilizer［J］. Agriculture System（149）：132-138.

Garcia-Sanchez A J，Garcia-Sanchez F，Losilla F，et al.，2010. Wireless sensor network deployment for monitoring wildlife passages［J］. Sensors，10（8）：7236-7262.

Lejano RP，2006. Optimizing the layout and design of branched pipeline water distribution systems［J］. Irrigation and Drainage Systems，20（1）：125-137.

Maccarthy DS，Vlek PLG，Fosu-Mensah BY，2012. The Response of Maize to N Fertilization in a Sub-humid Region of Ghana：Understanding the Processes Using a Crop Simulation Model［M］//Kihara J，Fatondji D，Jones J W，et al. Improving Soil Fertility Recommendations in Africa using the Decision Support System for Agrotechnology Transfer（DSSAT）. Berlin：Springer Netherlands.

Jimenez-Bello MA，Martinez F，Bou V，et al.，2011. Analysis，assessment，and improvement of fertilizer distribution in pressure irrigation systems［J］. Irrigation Science，29：45-53.

NASS，1998. Farm and ranch irrigation survey［M］. Washington D. C. National Agricultural Statistics Service.

Shrivastava S，Kar SC，Sharma AR，2018. The DSSAT model simulations of soil moisture and evapotranspiration over central India and comparison with remotely-sensed data［J］. Modeling Earth Systems & Environment（2）：1-11.

Sokalska DI，Haman DZ，Szewczuk A，et al.，2009. Spatial root distribution of mature apple trees under drip irrigation system［J］. Agricultural Water Management，96（6）：917-924.

图书在版编目（CIP）数据

芒果智能水肥一体化技术实践 / 李汉棠，谢铮辉，方纪华主编．—北京：中国农业出版社，2021.10
ISBN 978-7-109-28427-2

Ⅰ.①芒…　Ⅱ.①李…②谢…③方…　Ⅲ.①芒果—肥水管理　Ⅳ.①S667.7

中国版本图书馆 CIP 数据核字（2021）第 126708 号

芒果智能水肥一体化技术实践
MANGGUO ZHINENG SHUIFEI YITIHUA JISHU SHIJIAN

中国农业出版社出版
地址：北京市朝阳区麦子店街 18 号楼
邮编：100125
责任编辑：黄　宇　李　蕊　王黎黎
版式设计：王　晨　　责任校对：吴丽婷
印刷：中农印务有限公司
版次：2021 年 10 月第 1 版
印次：2021 年 10 月北京第 1 次印刷
发行：新华书店北京发行所
开本：880mm×1230mm　1/32
印张：5.25
字数：140 千字
定价：30.00 元
